Experimentelle Vermessung
von Dampf-Flüssigkeits-Phasengleichgewichten

Verfahrenstechnik in Einzeldarstellungen

Herausgegeben von Dr.-Ing. J. Spangler und Dr.-Ing. W. Matz

11

Experimentelle Vermessung von Dampf-Flüssigkeits-Phasengleichgewichten

dargestellt am Beispiel des Siedeverhaltens von Fettsäuren

Von

Dr. E. Müller und **Dr. H. Stage**

Hamburg   Köln-Niehl

Mit 53 Abbildungen

Springer-Verlag Berlin Heidelberg GmbH

1961

D 82 (Diss. T. H. Aachen)

ISBN 978-3-540-02764-5   ISBN 978-3-642-52093-8 (eBook)
DOI 10.1007/978-3-642-52093-8

Vorwort

Seit vielen Jahren bearbeiten wir in unserem Laboratorium eingehend alle Fragen, die mit der Stofftrennung auf destillativem Wege in Verbindung stehen. Da in der Praxis auch in einfachen Fällen die Bedingungen für den Eingangszustand im allgemeinen nicht gleich bleiben, gelingt eine rein rechnerische Behandlung des Trennvorganges allein fast nie. Der sicherste Weg führt auch heute noch stets vom Laborversuch über die „Pilot Plant" zur Großanlage. Um nach den Versuchsergebnissen des Laboratoriums und des Technikums auf technische Dimensionen übertragen zu können muß man einerseits in den betreffenden Maßstäben über Versuchsmodelle verfügen, die eine zuverlässige Übertragung auf größere Abmessungen sowohl hinsichtlich des Durchsatzes als auch im Hinblick auf die Wirksamkeit gestatten, und andererseits aus der Fülle der sich bietenden Versuchsmöglichkeiten durch Vorausberechnung bereits eine Auswahl treffen. Modelle zur Durchführung derartiger Versuche im Laboratoriums- und Technikumsmaßstab wurden in den letzten Jahren im Fachschrifttum mehrfach beschrieben. Dagegen liegen verwertbare Angaben über das Destillationsverhalten bisher nur für eine geringe Zahl von Gemischen vor. Besonders gilt dies hinsichtlich des Einflusses von Spurenbeimengungen, die, wie wir heute wissen, das Destillationsverhalten und damit die Trennbarkeit in vielen Fällen entscheidend beeinflussen können.

Zur Festlegung des Aufarbeitungsschemas für ein neueres Trennproblem werten wir vor Beginn jeder Wirksamkeitsberechnungen oder Versuche, zunächst einmal alle uns aus der Literatur zugänglichen Angaben über das Gleichgewichtsverhalten der im Ausgangsgemisch enthaltenen Komponenten aus. Hierzu verfolgen wir seit Jahren sämtliche in der Fachliteratur veröffentlichten Angaben über Dampfdrucke von Einzelkomponenten und Gemischen, über das Gleichgewichtsverhalten von Zwei- und Mehrstoffsystemen, über die Löslichkeit von Gasen und Dämpfen in Flüssigkeiten sowie über die jeweils benutzte Apparatur und Arbeitstechnik.

Die von uns gesammelten Unterlagen über Daten, Apparaturen und Verfahren der Dampfdruck-, Gleichgewichts- und Löslichkeitsbestimmung veröffentlichen wir periodisch im Rahmen der von der Ingenieur-Abteilung der Farbenfabriken Bayer herausgebrachten „Fortschritte der Verfahrenstechnik". Da wir diese Arbeit im Interesse einer schnelleren und vollständigeren Literaturauswertung auch in Zukunft fortsetzen wollen, sind wir für jede Unterstützung durch Hinweise auf entsprechende Arbeiten und Zusendung von Sonderdrucken dankbar.

Trotz der Vielzahl der bisher gesammelten Unterlagen – uns liegen z.B. zur Zeit Dampfdruckdaten für mehr als 5000 Komponenten sowie Gleichgewichtsangaben für über 2000 Gemische vor – vergeht kaum ein Tag, an dem wir nicht für neue Aufgaben zusätzliche Zahlenwerte benötigen. So haben wir uns bereits seit vielen Jahren auch mit der rechnerischen und experimentellen Seite der Dampfdruck- und Gleichgewichtsbestimmung sowie deren thermodynamischer Überprüfung auseinandergesetzt.

Die von uns benutzten Apparaturen und unsere Versuchstechnik haben wir im Laufe der Zeit zur Steigerung der Genauigkeit und Beschleunigung des Meßvorganges mehrfach geändert. Nachdem sich eine in unserem Laboratorium vor einigen Jahren entwickelte Gleichgewichtsapparatur und Arbeitsweise nicht nur bei uns, sondern auch bereits an vielen anderen Stellen zur Vermessung schwer zu handhabender Gemische unter extremen Bedingungen der Temperatur und des Druckes bewährt haben, wollen wir sie mit der vorliegenden Veröffentlichung der Allgemeinheit zugänglich machen, zumal heute ein ausgesprochenes Interesse für eine einfache, sichere und schnelle Gleichgewichtsbestimmung besteht.

Die isobare Dampf-Flüssigkeits-Gleichgewichts-Vermessung wird heute überwiegend mit dem Ziel ausgeführt, Angaben über das destillative Verhalten des betreffenden Systems zu erhalten. Die an verschiedenen Gemischen ausgeführten Messungen unterscheiden sich lediglich hinsichtlich der äußeren Bedingungen des Druckes und der Temperatur, der physikalischen Eigenschaften der Komponenten und der analytischen Bestimmungsverfahren für die anfallenden Dampf- und Flüssigkeitsproben. Den besten Überblick über die bei Gleichgewichtsmessungen auftretenden Probleme erhält man daher, wenn die Bestimmungen unter extremen Bedingungen des Druckes, der Temperatur und der Gemischeigenschaften durchgeführt werden. Derartige Verhältnisse liegen bei den von uns gewählten Gemischen aus den gesättigten, geradzahligen und geradkettigen höheren Fettsäuren vor. Aus Stabilitätsgründen müssen die Messungen in kürzester Zeit bei möglichst niedrigen Drucken und Temperaturen vorgenommen werden. Erschwerend wirken weiter für die Betriebsweise die auftretenden hohen Erstarrungspunkte sowie für die Analyse die geringen Unterschiede der physikalischen und chemischen Eigenschaften der Gemischpartner.

In der vorliegenden Arbeit wurde ganz bewußt die praktische Seite der Gleichgewichtsvermessung und ihre Auswertung in den Vordergrund gestellt. Gerade hierüber ist bisher in der Literatur am wenigsten zu finden, obgleich sie den größten Einfluß auf die Genauigkeit der Gleichgewichtsbestimmung ausübt. Es handelt sich um eine spezielle Untersuchung, die – so glauben wir – allgemeines Interesse beanspruchen dürfte. Sie wurde aus der Praxis geboren und ist für die Praxis bestimmt. Nicht zuletzt auch aus diesem Grunde sind wir an Diskussionsbemerkungen sehr interessiert, die wir an unsere unten angegebene Anschrift erbitten.

Zum Abschluß ist es mir ein ausgesprochenes Bedürfnis, den Herausgebern dieser Reihe, den Herren Dr. Ing. J. SPANGLER und Dr. Ing. W. MATZ, für das rege Interesse an dieser Arbeit herzlich zu danken. Mein besonderer Dank gilt ferner dem Springer-Verlag für die gute Ausstattung des Buches.

Köln-Niehl, im Frühjahr 1961
Emderstraße 10

Hermann Stage

Inhaltsverzeichnis

Zur Einführung

Von den verschiedenen physikalischen und chemischen Verfahren der Stofftrennung hat die größte Verbreitung das Destillieren und Rektifizieren gefunden. Zur Berechnung von Destillations- und Rektifikationsvorgängen benötigt man die Kenntnis der Dampf-Flüssigkeits-Gleichgewichtsbeziehungen der zu trennenden Gemische unter Siedebedingungen. Soweit wir es mit sich ideal verhaltenden Gemischen zu tun haben, die das RAOULTsche Gesetz erfüllen, lassen sich diese Zusammenhänge rechnerisch aus den Dampfdrucken und den Mengenverhältnissen der in Betracht kommenden Komponenten gewinnen. Hierüber existiert bereits eine umfangreiche Literatur, die auch die neuesten Ergebnisse berücksichtigt [1–11][1]. Die meisten der in der Praxis auftretenden Gemische verhalten sich jedoch nicht ideal. Eine Vorausberechnung der Gleichgewichtsverhältnisse dieser Gemische ist bisher selbst bei Kenntnis weiterer Mischungserscheinungen wie z.B. der Mischungswärmen, des Assoziationsgrades usw. nur unvollkommen möglich. Wirklich sichere Ergebnisse lassen sich bis jetzt ausschließlich durch eine experimentelle Bestimmung des jeweils vorliegenden Gleichgewichtes erhalten.

Bei der großen Bedeutung, die heute insbesondere den selektiven destillativen Trennverfahren zukommt, nimmt es wunder, daß es z. Z. nur ein neueres Buch gibt – nämlich die 1958 in englischer Übersetzung veröffentlichte Darstellung von HALÁ u. Mitarb. [7] mit dem Titel *Vapour-Liquid Equilibrium* –, in der die neueren Apparaturen zur Dampf-Flüssigkeits-Gleichgewichtsvermessung wenigstens ausführlich beschrieben werden. Auf die Frage nach den Anforderungen, die an eine gute Apparatur zu stellen bzw. nach denen sie auszuwählen ist, sowie insbesondere nach den betrieblichen Problemen findet derjenige, der sich in dieses Gebiet erst einarbeiten will, bisher keine ausreichenden Angaben. Die früher erschienenen Beiträge von RECHENBERG [1] und YOUNG [2] werden den uns derzeit zur Verfügung stehenden apparativen Möglichkeiten nicht mehr gerecht. Die neueren Apparaturen zur Gleichgewichtsmessung erfordern nicht nur wesentlich geringere Zeiten als die älteren, wobei sie darüber hinaus auch unter extremen Bedingungen des Druckes und der Temperatur zuverlässige Werte liefern, sondern lassen

---

[1] Die zwischen eckigen Klammern stehenden, kursiv gesetzten Ziffern beziehen sich auf das Schrifttum am Schluß des Buches (s. S. 104 ff.).

sich zudem viel leichter handhaben. Während wir es früher mit einer Art Kunst zu tun hatten, die großes experimentelles Geschick sowie Erfahrung voraussetzte und viel Zeit erforderte, gestaltet sich mit den neueren Apparaturen die eigentliche Vermessung verhältnismäßig einfach, so daß sie damit entsprechend der Bedeutung und der Verbreitung der Destillationsverfahren weiten Kreisen zugänglich geworden ist.

Weniger bekannt dürfte es sein, welche Schwierigkeiten meistens mit der Reinigung der zur Gleichgewichtsmessung benutzten Substanzen und ihrer Konzentrationsbestimmung verbunden sind. Über diese Frage gibt es im Zusammenhang mit der experimentellen Bestimmung der Dampf-Flüssigkeits-Phasengleichgewichte bisher überhaupt keine Darstellungen. Der Grund hierfür mag wohl darin zu suchen sein, daß es bei der Vielzahl der auftretenden Komponenten eine allgemeingültige Vorschrift weder für die Reinigung noch für die Analyse gibt. Dennoch kann man sagen, daß die Probleme in den meisten Fällen ähnlich liegen und daß sie hinsichtlich der Anforderungen an Reinheit und Analysengenauigkeit übereinstimmen. Fast immer wird man zur Reinigung zunächst auf physikalische Trennverfahren wie Destillation, Extraktion oder Kristallisation zurückgreifen. Führen diese allein nicht zum Ziel, so wird man es mit anderen physikalischen Reinigungsverfahren versuchen, die man bei höheren Reinheitsanforderungen gegebenenfalls auch miteinander kombiniert einsetzt. Erweist sich auch dieser Weg als erfolglos, so ist man schließlich gezwungen, chemische Reinigungsverfahren heranzuziehen, die meist spezifisch wirken und sich deshalb nicht allgemein verwenden lassen.

Ähnlich liegen auch die Verhältnisse für die Analysenverfahren. Bevorzugte Anwendung finden physikalische Kenngrößen, die sich schnell serienmäßig bestimmen lassen wie z.B. Brechungsindex, Dichte, Erstarrungspunkt, Farbe usw. Chemische Kennzahlen wie Jod-, Säure-, Verseifungs- und Hydroxylzahlen usw. erfordern stets einen größeren zeitlichen Aufwand. Sie werden deshalb meist erst dann eingesetzt, wenn die physikalischen Methoden versagen.

Ein besonders schönes Beispiel zur Erläuterung der Probleme der experimentellen Gleichgewichtsmessung einschließlich der Reinigung der zu verwendenden Komponenten und ihrer analytischen Bestimmung bietet die Untersuchung des Siedeverhaltens der geradzahligen, geradkettigen höheren Fettsäuren. Wegen der Wärme- und Sauerstoff-Empfindlichkeit der höheren Fettsäuren einerseits und der hohen Temperaturen sowie geringen Destillationsdrucke andererseits ergeben sich im Zusammenhang mit den verhältnismäßig hohen Erstarrungspunkten zusätzliche Problemstellungen, deren Lösungen ebenfalls allgemeines Interesse beanspruchen dürften und vielfältiger Anwendungen fähig sind. Wenn auch die nachfolgenden Ausführungen den speziellen Problemen der Fettsäure-Destillation gewidmet sind, so werden dabei aber doch in erster Linie die allgemeinen Fragen der experimentellen Gleichgewichtsbestimmung behandelt, die auch für die Mehrzahl anderer Gemische von entscheidender Bedeutung sind. In diesem Sinne hoffen wir, daß unsere kleine Schrift dazu beitragen möge, die Einarbeitung in die Praxis der Gleichgewichtsvermessung zu erleichtern.

I. Die Bedeutung der Fettsäuregleichgewichte und die Voraussetzung für ihre Vermessung

Die Fabrikation von Seifen aus Fetten und Ölen gehört zu den ältesten Reaktions-Prozessen der chemischen Technik. Bei dieser Reaktion werden die Fette (Glyzerinester verschiedener Fettsäuren) durch Aufnahme von Wasser in ihre Bestandteile Glyzerin und Fettsäuren zerlegt. Lange Zeit wurde diese Spaltung mit wäßrigem Alkali durchgeführt, wobei direkt die Alkalisalze der Fettsäuren, die Seifen, entstehen. Später setzte sich die Erkenntnis durch, daß in bezug auf Geruch und Farbe wesentlich reinere Produkte erhalten werden, wenn man die Vorgänge der Fettspaltung und Metallseifenbildung getrennt vornimmt. Dadurch wurde auch die Verwendung von Abfallfetten möglich. Der Prozeß der Fettspaltung wird heute durchweg als sogenannte Hochdruckspaltung bei einem Druck von etwa 25 Atm und Temperaturen von etwa 230 °C durchgeführt. Dabei fallen als Produkte neben wäßrigem Glyzerin direkt die freien Fettsäuren an.

Der erste, wichtige Verwendungszweck für freie Fettsäuren war die Kerzenfabrikation. Dann werden sie heute vor allem für die Herstellung von Seifen und Seifenpulvern in größtem Umfang herangezogen. Weiter erkannte man die Vorzüge der Fettsäuren als Ausgangsstoffe für Weichmacher und Stabilisatoren in der Kunststoff- und Lackindustrie. Schließlich finden sie Verwendung zur Herstellung von Textilhilfsmitteln, Schmierfetten und Insektiziden, sowie für die verschiedensten Anwendungsgebiete in der Kosmetik und Pharmazie.

Während zunächst lediglich farb- und geruchlose Destillat-Fettsäuren gefordert wurden, genügt heute den Verbrauchern das aus den natürlichen Fetten anfallende Fettsäuregemisch nicht mehr; sie verlangen vielmehr Einzelkomponenten höchster Reinheit.

Im Hinblick auf die guten Ergebnisse bei der Geradeaus-Destillation der Fettsäuren [*12–28*] lag es nahe, auch die Zerlegung in einzelne Bestandteile auf destillativem Wege zu versuchen. Soweit es sich um die Trennung von Rohgemischen überwiegend gesättigter Fettsäuren handelt, hat sich für Durchsätze im technischen Maßstab tatsächlich die Destillation als ein gangbarer Weg erwiesen [*29–46*]. Mit anderen Me-

1*

thoden wie fraktionierter Verseifung, Kristallisation, Extraktion, Adsorption usw. konnten für diese Aufgaben bisher keine wirtschaftlichen Verfahren ausgearbeitet werden. Es ist daher nicht verwunderlich, daß in den letzten Jahren der Weiterentwicklung der Fettsäure-Fraktionierung besondere Beachtung geschenkt wurde.

Anfänglich versuchte man, zur Fraktionierung die für die Geradeaus-Destillation entwickelten Anlagen und Verfahren zu benutzen. Es zeigte sich aber sehr bald, daß auf diesem Wege mit vertretbarem Aufwand keine reinen Fettsäure-Individuen zu erhalten sind. Das Verdienst, die modernen Erkenntnisse der Kolonnen-Destillation auf die Fettsäure-Fraktionierung angewandt zu haben, kommt in erster Linie der Firma Armour [46] zu. Trotz praktischer Erfolge gehen jedoch die Ansichten über das destillative Verhalten der Fettsäure-Partner noch weit auseinander. Dies bezieht sich sowohl auf die Lage der sogenannten Dampf-Flüssigkeits-Phasengleichgewichte als Maßstab für die Trennschärfe der zur Trennung erforderlichen Apparaturen als auch auf ihre thermische Beständigkeit. So ist man für die Planung von neuen Anlagen unter veränderten Bedingungen in bezug auf Rohstoffe und Durchsatz bisher noch weitgehend auf Erfahrungswerte angewiesen. Es wäre aber wünschenswert, an Stelle der Erfahrungswerte Ergebnisse aus exakten Berechnungen zu verwenden. Aufgabe dieser Arbeit soll es sein, einen Beitrag zur Klärung der hiermit zusammenhängenden Fragen zu bringen und insbesondere die für die Dimensionierung einer Anlage zur Fettsäuredestillation notwendigen Berechnungsunterlagen zu liefern.

Die Rohsäuren bestehen aus vielen Fettsäure-Komponenten, deren gegenseitige Wechselwirkung physikochemischer Natur äußerst schwierig experimentell zu erfassen ist. Deshalb soll die Untersuchung auf einfache Bedingungen zurückgeführt werden. Am zweckmäßigsten ist es, das Siedeverhalten von Zweistoffgemischen benachbart siedender Komponenten zu bestimmen. Von der Erdöldestillation her weiß man, daß das destillative Verhalten eines Mehrstoffgemisches sich mit guter Näherung berechnen läßt, wenn es für die Zweistoffgemische der beteiligten Komponenten bekannt ist. Im Gegensatz zum Erdöl, das meist aus chemisch sehr verschiedenen Substanzen besteht, handelt es sich bei den Fettsäuregemischen jedoch um chemisch einheitliche Verbindungen. Kennt man das Siedeverhalten von Zweistoffsystemen benachbart siedender Komponenten, so kann man den Destillationsverlauf eines Fettsäure-Vielstoffgemisches mit hoher Genauigkeit ermitteln.

Zur Berechnung benötigt man also möglichst genaue Phasengleichgewichtsdiagramme. In diesen Diagrammen wird die Zusammensetzung des Dampfes eines siedenden Zweistoffgemisches als Ordinate gegen die Zusammensetzung der flüssigen Phase als Abszisse aufgetragen. Die Konzentrationen werden in Mol% der leichter flüchtigen Komponente aus-

gedrückt. Ein derartiges Diagramm kann für konstante Temperatur oder
für konstanten Druck aufgestellt werden. Für thermodynamische Be-
trachtungen wird meist die erste, für technische Zwecke die zweite Methode bevorzugt.

Unter bestimmten Bedingungen kann das Phasengleichgewicht aus
den Dampfdruckkurven der beiden Komponenten nach den Gesetzen von
RAOULT und von DALTON genau berechnet werden [1–9]. Man sagt dann,
das Gemisch verhält sich ideal. Voraussetzung dafür ist, daß die An-
ziehungskräfte zwischen den gleichartigen Molekülen ebenso groß sind
wie zwischen den ungleichartigen. Das gilt vor allem für Isotope und in
vielen Fällen auch für homologe und isomere Verbindungen. Häufig wird
diese Voraussetzung nicht erfüllt. Verhalten sich die Komponenten nicht
ideal, so kann man durch Messung der Mischungswärme Aussagen über
den Verlauf der Gleichgewichtskurve machen [5–7, 10–11, 47–48]; diese
Methode ist jedoch meist sehr schwierig zu handhaben, da einerseits die
Mischungswärmen klein im Verhältnis zu den spezifischen Wärmen sind,
aber andererseits nur sehr genaue Meßergebnisse verwertet werden können [47–48]. Schließlich ist zu erwähnen, daß das Auftreten von Dissoziationen und Assoziationen im Dampf oder in der Flüssigkeit die Berechnung eines Phasengleichgewichtes erschwert oder unmöglich macht.
Bei den Fettsäuren handelt es sich zwar um Glieder einer homologen
Reihe, so daß man mit idealem Verhalten rechnen könnte, doch muß berücksichtigt werden, daß die stark polar gebaute COOH-Gruppe im
Sinne

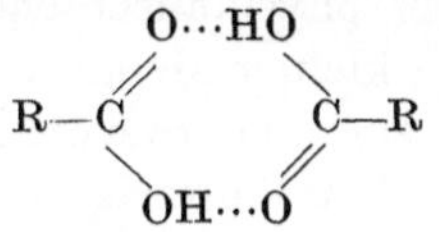

$$R-C\genfrac{}{}{0pt}{}{O\cdots HO}{OH\cdots O}C-R$$

zur Assoziation fähig ist [31, 49–52].

Um das Siedeverhalten der Fettsäuren genau zu kennen, muß man
also die Phasengleichgewichte experimentell vermessen. Dabei ist besonders die Frage zu klären, ob und unter welchen Bedingungen hinsichtlich Gemischzusammensetzung, Druck, Temperatur usw. Abweichungen
vom idealen Verhalten auftreten. Es müssen also verschiedene Gemische
bei mehreren Drucken vermessen werden. Bei der Auswahl der Arbeits-
drucke ist zu berücksichtigen, daß die Fettsäuren nur bis etwa 250 °C
thermisch beansprucht werden dürfen, daß aber bei den technisch inter-
essierenden Komponenten die Siedepunkte bei Normaldruck oberhalb
300 °C liegen. Die Gleichgewichtsbestimmung muß also unter Vakuum
ausgeführt werden. Aus den Dampfdruckkurven der Abb. 15 kann man
ersehen, welches Vakuum einzuhalten ist, damit die Zersetzungstempe-
ratur nicht überschritten wird. Von diesen Drucken hat man noch den
Druckverlust, den die aufsteigenden Dämpfe in der Kolonne erfahren, ab-
zuziehen. Die Drucke, bei denen die Phasengleichgewichte zu vermessen

sind, müssen deshalb so gewählt sein, daß für jede Komponente der in der technischen Trennapparatur vorkommende Bereich erfaßt wird. So ergibt sich die Aufgabe, folgende Phasengleichgewichte zu vermessen:

C_6–C_8 bei 10, 30, 100 Torr,

C_8–C_{10} und C_{10}–C_{12} bei 3, 20, 100 Torr,

C_{12}–C_{14} und C_{14}–C_{16} bei 2, 10, 50 Torr.

Der Einfachheit halber sind die Trivialnamen der Fettsäuren stets durch die Bezeichnung der Anzahl der Kohlenstoffatome in ihrem Molekül ersetzt. Es bedeuten also: C_6 = Capronsäure; C_8 = Caprylsäure; C_{10} = Caprinsäure; C_{12} = Laurinsäure; C_{14} = Myristinsäure; C_{16} = Palmitinsäure; C_{18} = Stearinsäure.

Bei der Vermessung und Auswertung der Phasengleichgewichte sind eine Reihe spezieller Aufgaben zu lösen:

1. Reindarstellung der Substanzen,
2. Auswahl einer zuverlässig arbeitenden Gleichgewichts-Apparatur,
3. Konzentrationsbestimmung der entnommenen Proben für die Auswertung,
4. Ermittlung genauer Dampfdrucke zur thermodynamischen Überprüfung der experimentell gewonnenen Gleichgewichtsdaten.

Als erste Aufgabe müssen demnach Substanzen hoher Reinheit dargestellt werden. Zur Vermessung eines Phasengleichgewichtes dürfen selbstverständlich keine weiteren Komponenten mehr zugegen sein, da sie das Gleichgewicht stören können. Die Reinigung der Substanzen spielt deshalb eine so große Rolle, weil die Konzentration stets indirekt, d. h. durch die Änderung einer physikalisch-chemischen Größe, bestimmt wird. So kann schon eine in kleiner Menge vorhandene Verunreinigung diese Größe verändern und eine andere Konzentration vortäuschen, als tatsächlich vorhanden ist. Bei Fettsäuren ist eine Fehlbestimmung von 2% das Äußerste, was noch zugelassen werden kann, wenn die Messung nicht vollkommen wertlos sein soll. Erschwerend kommt hinzu, daß ein Fehler, der durch Verunreinigung der Substanz entsteht, sich nicht in einer Streuung auswirkt, sondern alle Werte systematisch in einer Richtung verschiebt. Dadurch kann ein völlig falsches Bild des Gleichgewichtsverhaltens entstehen. Die Differenzen, die man häufig feststellt, wenn verschiedene Autoren dasselbe Gemisch vermessen haben, dürften zum erheblichen Teil auf mangelhafte Reinheit der Substanzen zurückzuführen sein.

Um für die in den folgenden Abschnitten beschriebenen Messungen die erforderliche hohe Reinheit der Fettsäuren zu gewährleisten, war es die erste Aufgabe, diese sorgfältig zu destillieren. Die höheren Säuren C_{14} und C_{16} mußten außerdem durch Kristallisation gereinigt werden. Für die Vermessung der Phasengleichgewichte sollten zunächst 4 l von jeder Komponente – d. h. C_6, C_8, C_{10}, C_{12}, C_{14} und C_{16} – hergestellt werden. Dazu war für jede Substanz etwa die doppelte Menge an roher Fettsäure erforderlich. Die Trennung von der stets beigemengten ungesättigten Verbindung führte zu sehr großen Übergangsfraktionen, die nicht die erforderliche Reinheit hatten. Da mit sehr hohem Rücklaufverhältnis gearbeitet werden mußte, ergaben sich Destillationszeiten von mehreren hundert Stunden. So war ein durchgehender Tag- und Nachtbetrieb nicht zu vermeiden. Hierzu wurde eine vollautomatisch arbeitende Apparatur benötigt, die keine Wartung beansprucht und selbsttätig die Probengläser wechselt.

Die zweite Aufgabe bestand in der Auswahl einer geeigneten Apparatur zur Gleichgewichtsmessung. Natürlich sollte eine Konstruktion verwendet werden, bei der möglichst alle bisher gesammelten und veröffentlichten Erfahrungen verwertet waren. Deshalb wurde die Literatur über Gleichgewichts-Apparaturen einer sorgfältigen Prüfung unterzogen und alle denkbaren Fehler sowie deren Beseitigungsmöglichkeiten studiert. Die so gewonnenen Erkenntnisse wurden beim Bau einer eigenen Apparatur berücksichtigt. Sie mußte zunächst auf ihre Verläßlichkeit getestet werden. Ein Teil der möglichen Fehler, z.B. das Mitreißen von Tröpfchen durch den Dampf, ließ sich durch direkte Messung feststellen. Auf indirektem Wege wurde auf die Abwesenheit von Fehlern geprüft, indem einige Phasengleichgewichte vermessen und die Meßergebnisse mittels thermodynamischer Methoden [5–9, 53–57] oder durch Vergleich mit Messungen anderer Autoren auf ihre Richtigkeit geprüft wurden.

Die dritte Aufgabe ergab sich mit der Analyse der entnommenen Proben. Diese Frage hängt mit der Temperaturbeständigkeit der Fettsäuren eng zusammen. Zwar ist seit langem bekannt, daß die Fettsäuren bis etwa 250 °C beständig sind, doch liegen hierüber Zahlen – besonders über den Einfluß der Zeit – nicht vor. Es mußte jedoch Sicherheit bestehen, daß keine Zersetzungsprodukte die Konzentrations-Bestimmung bei der Probenanalyse verfälschen. Andererseits sollten auch praktische Gesichtspunkte berücksichtigt werden. Da im Verlaufe der Arbeit ungefähr 2000 Proben zu untersuchen waren, durften die einzelnen Bestimmungen nicht allzuviel Zeit in Anspruch nehmen. Schließlich war es wünschenswert, mit einer möglichst kleinen Probenmenge auszukommen. Für die Konzentrations-Bestimmung der Proben kamen folgende physikalische Kenngrößen in Betracht:

1. Brechungsindex,
2. Säurezahl (Titration),
3. Schmelz- bzw. Erstarrungspunkt.

Die Forderung nach kleiner Probenmenge und schneller Bestimmung wird am besten bei der Analyse mittels Brechungsindex erfüllt. Deshalb wurden zunächst Versuche angestellt, um die Änderung des Brechungsindex bei erhitzten Proben zu bestimmen. Die Ergebnisse zeigten nur unbedeutende Änderungen, so daß keine Bedenken bestanden, die Bestimmung des Brechungsindex als Analysenmethode zu wählen.

Aus den Gleichgewichtsmessungen ergab sich aber später, daß die thermische Beanspruchung bei der Temperaturbeständigkeits-Prüfung mit der Beanspruchung in der Gleichgewichts-Apparatur nicht gleichzusetzen war. In letzterer traten Zersetzungserscheinungen auf, die eine Änderung des Brechungsindex zur Folge hatten. Bei Versuchen, die Konzentration durch Titration zu bestimmen, wurden stark streuende Werte erhalten.

So mußte der Schmelz- bzw. Erstarrungspunkt für die Konzentrationsbestimmung herangezogen werden. Eichkurven für diese Bestimmung sind von verschiedenen Autoren [58–61] schon aufgenommen worden, doch wurden die Messungen zur Kontrolle noch einmal wiederholt. Die Ermittlung der Konzentration auf diesem Wege hat den Nachteil, daß die einzelnen Messungen wesentlich mehr Zeit erfordern und daß – besonders für den Erstarrungspunkt – größere Probenmengen notwendig sind. So konnte von den fünf Proben, die bei jedem Meßpunkt von Flüssigkeit und Destillat entnommen wurden, jeweils nur ein Erstarrungspunkt gemessen werden. Durch eine eigens für diesen Zweck entwickelte Apparatur wurde erreicht, daß eine Probenmenge von 1 cm³ für die Messung genügte. Die Versuchsergebnisse zeigten, daß auch bei der thermischen Beanspruchung in der Gleichgewichts-Apparatur mit der Messung des Erstarrungspunktes noch eine genügend genaue Konzentrationsbestimmung möglich ist.

Zur Auswertung der Gleichgewichtswerte war als vierte Aufgabe die Beschaffung genauer Dampfdruckdaten erforderlich. Sorgfältige Dampfdruckmessungen an Fettsäuren sind bereits mehrfach durchgeführt worden [62–65], so daß sich eigene Bestimmungen erübrigten. Zur Kontrolle dieser Meßwerte wurde geprüft, ob sich innerhalb der homologen Reihe die Siedetemperatur für verschiedene konstante Drucke stetig ändert. Dabei konnte eine Formel entwickelt werden, die für alle gesättigten, geradkettigen, einbasischen höheren Fettsäuren die Siedetemperatur für jeden gesuchten Druck angibt.

Die Durchführung der in diesem Abschnitt angegebenen Aufgaben soll in den folgenden Kapiteln beschrieben werden.

II. Die Herstellung der reinen Fettsäuren

a) Die Destillationskolonne[1]

Zur destillativen Trennung der höheren Fettsäuren ist ein sehr hoher Aufwand an apparativen Vorrichtungen erforderlich, da sich hier folgende Schwierigkeiten vereinen:

---

[1] Die hier beschriebene Apparatur wird von der Fa. Destillationstechnik Stage KG., Köln-Niehl, hergestellt.

1. Die Destillationen müssen im Vakuum ausgeführt werden; bei den Komponenten C_{14}–C_{16} ist ein Druck von etwa 5 Torr am Kopf der Kolonne einzuhalten.

2. Die Destillationstemperaturen liegen mit 150–250 °C sehr hoch.

3. Die Produkte haben Schmelzpunkte bis zu 70 °C und müssen auf ihrem Weg von der Kolonne bis in das Probegefäß ständig oberhalb der Schmelztemperatur gehalten werden.

4. Die ganze Kolonne soll vollautomatisch (ohne Überwachung mindestens 12 Std. lang) einwandfrei arbeiten.

Für Destillationen bei einem Druck von 2–50 Torr eignen sich Füllkörperkolonnen besser als Bodenkolonnen, da ihr Druckverlust wesentlich geringer ist. Bei Destillationsdrucken unter 5 Torr können ungefüllte Kolonnen wie z. B. Vigreuxkolonnen [66], Ringspaltsäulen [67], oder Rieselkolonnen [68], deren Druckverlust noch kleiner ist, ebenfalls gute Dienste leisten. Unterhalb 2 Torr ist deren Anwendung allein noch sinnvoll. Als Material ist Glas trotz seiner Bruchgefahr am zweckmäßigsten, denn es ist absolut korrosionsbeständig gegen Fettsäuren. Außerdem hat eine Apparatur aus Glas schon wegen des geringen Gewichtes eine kleinere Wärmekapazität als eine Metallapparatur, was bei den niedrigen Drucken und den dadurch bedingten kleinen Substanzmengen, die in der Kolonne arbeiten, besonders wichtig ist. Eine Bündelrohrkolonne nach KUHN [69]

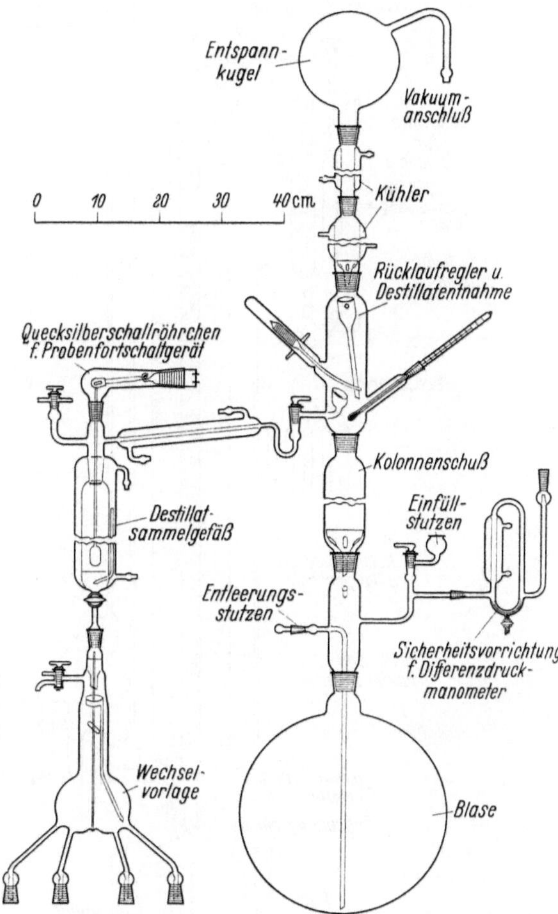

Abb. 1. Destillationskolonne, Gesamtansicht

kam im vorliegenden Fall trotz ihrer hohen Trennschärfe nicht in Betracht, weil ihr Preis zu hoch, ihr Durchsatz zu klein und ihr Betrieb

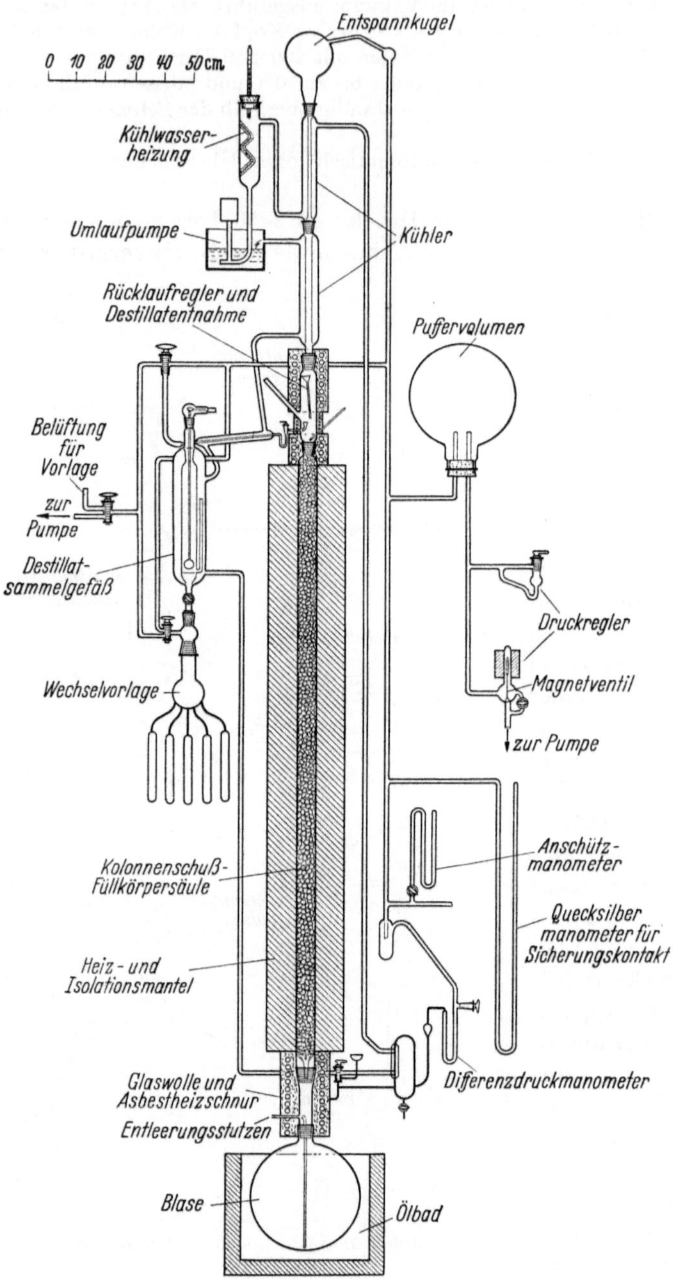

Abb. 2. Destillationskolonne, Vakuumleitungen und Kühlwasserkreislauf

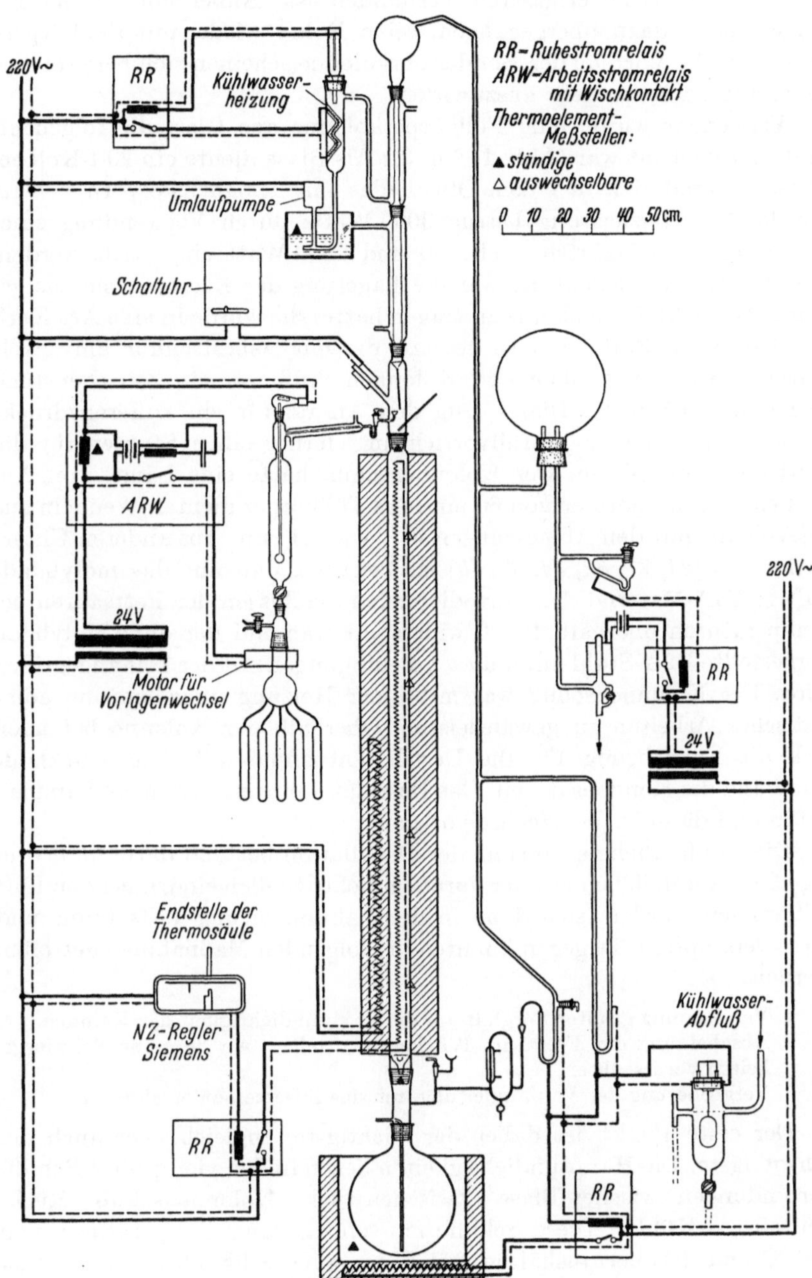

Abb. 3. Destillationskolonne, elektrische Leitungen

mit zu viel Schwierigkeiten verbunden ist. Außerdem ist der Erfinder selbst dazu übergegangen, seine Rohre wieder mit Füllkörpern zu füllen; die Vorteile der Bündelrohrkolonne scheinen sich bei größeren Durchsätzen nicht mehr auszuwirken.

Verwendet wurde eine Füllkörperkolonne aus Glas, die folgendermaßen aufgebaut war (Abb. 1, 2 u. 3): Als Blase diente ein 20-l-Kolben. Dieser befand sich in einem Ölbad, das mit Ringheizkörpern beheizt wurde. Die Heizleistung betrug 3000 Watt; durch Verwendung eines Stufenschalters konnten auch 750 und 1500 Watt eingestellt werden. Von besonderer Bedeutung war die Lagerung der Blase, da sie das gesamte Gewicht der Kolonne zu tragen hatte. Sie wurde in eine Art Korb aus federnden Stahlbändern gesetzt, die mit Asbestschnur umwickelt waren. Zwischen Kolben und Kolonnenschuß war ein Zwischenstück angebracht (Abb. 1). Dieses trug den Ansatz für ein Differenzdruckmanometer und eine Einfüllvorrichtung, ferner einen Stutzen für die Entleerung der Blase. Der Kolonnenschuß hatte eine Länge von 2 m und einen Durchmesser von 60 mm. Als Füllkörper dienten Wendeln aus V4A-Draht mit den Abmessungen $4 \times 4 \times 0{,}4$ mm. Aus anderen Untersuchungen [*21, 27, 32, 34, 37, 40*] ist bekannt, daß nur das molybdänhaltige V4A-Material den korrodierenden Einflüssen der Fettsäuren bei Temperaturen oberhalb 175 °C widersteht während der ohne Molybdän hergestellte V2A-Stahl unter diesen Bedingungen mit der Zeit angegriffen wird. Der Kolonnenschuß war mit einer Heizung umgeben, um adiabatisches Arbeiten zu gewährleisten. Oberhalb der Kolonne befanden sich die Vorrichtung für die Destillatentnahme mit dem Rücklaufteiler und die Kondensatoren. Das Destillat floß zunächst in ein Sammelgefäß und dann in die Wechselvorlage.

Die empfindlichste Störung der Destillation bestand darin, daß winzige Fettsäureteilchen mit der durch undichte Stellen eindringenden Luft mitgerissen wurden, sich dann in der Vakuumleitung festsetzten und diese verstopften. Dagegen konnten die folgenden Maßnahmen getroffen werden:

1. Verwendung größter Sorgfalt auf die Vakuumdichtigkeit der Kolonne,
2. Abscheidung der Fettsäure-Teilchen an Stellen, wo sie keine Schwierigkeiten verursachten,
3. Vergrößerung der Vakuumleitung, um das Zusetzen zu erschweren.

Der erste Punkt ist dabei der wichtigste, zugleich aber auch der schwierigste. Die Hauptundichtigkeiten liegen in den vier großen Schliffverbindungen zwischen Blase – Zwischenstück – Kolonnenschuß – Rücklaufteiler – Kühler. Diese Schliffe müssen tagelang Temperaturen von 200 °C und darüber aushalten, bei denen auch Silikonfett schnell ausgewaschen wird. Sämtliche Schliffe wurden mit großer Sorgfalt von Hand aufeinander eingeschliffen. Dazu wurde zunächst mit Kreidestrichen geprüft, wo die Schliffflächen aufeinandersaßen; dann wurde auf diese Stellen eine Paste von feinem Schmirgel in Glyzerin dünn aufgetragen und die Schliffe ineinandergedreht, bis der Schmirgel zerrieben war. Schließlich wurden die Schliffe gesäubert und mit wenig Silikonfett eingeschmiert. Die so behandelten Schliffe hielten vorzüglich über mehrere hundert Stunden dicht.

Folgende Vorgänge in der Destillationskolonne wurden automatisch geregelt.

1. Destillationsgeschwindigkeit,
2. Heizmanteltemperatur,
3. Rücklaufverhältnis,
4. Destillationsdruck (Vakuum),
5. Kühlwassertemperatur,
6. Probenahme,
7. Sicherung gegen außerbetriebliche Einflüsse,
8. Registrierung der verschiedenen Temperaturen.

Die verwendeten Regelelemente mußten in vieler Hinsicht den besonderen Bedingungen der Fettsäuredestillation angepaßt werden. Teilweise wurden auch Verbesserungen gegenüber früheren Konstruktionen eingeführt, die in jeder anderen automatischen Destillationskolonne Verwendung finden können. Deshalb sollen die Regeleinrichtungen im folgenden Abschnitt ausführlich beschrieben werden.

Die Destillationsgeschwindigkeit. Für die Regelung der Destillationsgeschwindigkeit gibt es zwei Impulsmöglichkeiten: die Ölbadtemperatur und die Druckdifferenz zwischen Blase und Kopf der Kolonne. Die Regelung nach dem Differenzdruck paßt sich besser den Vorgängen in einer Blasendestillation an und wird deshalb meist auch für die Regelung der Destillationsgeschwindigkeit verwendet [70–77]. Als Einflußgröße dient hier der Widerstand, den Füllkörper und herabrieselnde Flüssigkeit dem aufsteigenden Dampf entgegensetzen. Um ihn zu überwinden, ist ein gewisser Überdruck in der Blase notwendig, der sogenannte Druckverlust, der sich empfindlich mit der Destillationsgeschwindigkeit ändert und ziemlich unabhängig ist von Schwankungen des Siedepunktes, Blaseninhaltes und des Destillationsdruckes [78–79]. Deshalb wurde der Druckverlust als Regelgröße für die Destillationsgeschwindigkeit gewählt und auf 8 mm Hg für die 2 m lange Trennsäule konstant gehalten. Als Regelorgan diente ein mit Quecksilber gefülltes Differenzdruckmanometer [80], von dem der eine Schenkel mit dem Zwischenstück, der andere mit dem Kopf der Kolonne in Verbindung stand (Abb. 2). Bei Überschreitung eines bestimmten, einstellbaren Differenzdruckes schloß das Quecksilber des Manometers einen Kontakt und schaltete über ein Relais die Ölbadheizung für die Blase ab. Infolge der thermischen Trägheit des Ölbades war die Destillationsgeschwindigkeit gewissen periodischen Schwankungen unterworfen.

Die Heizmanteltemperatur. Soll die Wirksamkeit einer Kolonne voll ausgenutzt werden, so ist streng auf adiabatisches Arbeiten zu achten, d.h. von der Trennsäule darf keine Wärme nach außen abgegeben werden. Durch eine Wärmeabgabe würde ein zusätzlicher Rücklauf an der Wand entstehen, jedoch die wirksame Austauschfläche nicht vergrößert werden. Aus diesem Grunde muß die Kolonne mit einem Heizmantel umgeben werden, der die Wärmeabgabe nach außen möglichst genau kompensiert. Die Wirkung der Heizung wird zweckmäßigerweise durch eine gute Isolierung unterstützt. Dabei ist folgendes zu berücksichtigen:

a) Wegen der thermischen Empfindlichkeit der Fettsäuren soll die Kolonne an keiner Stelle über die Destillationstemperatur erhitzt werden,

b) Die durch Luftkonvektion bewirkte stärkere Wärmeabgabe am unteren Teil der Kolonne soll möglichst ausgeglichen werden,

c) Die Heizung soll sich selbsttätig auf die Kolonnentemperatur einstellen.

Diese letzte Aufgabe ist besonders wichtig, wenn die Apparatur vollautomatisch arbeiten soll. Es sind verschiedene Lösungen hierfür vorgeschlagen worden [*74–76, 81–82*]. Am elegantesten arbeitet man mit

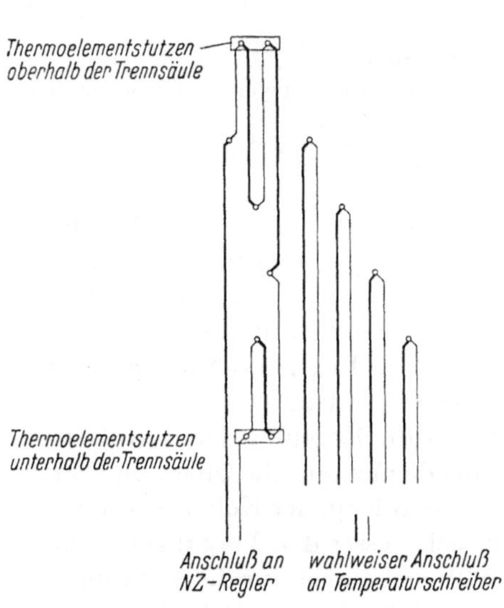

Abb. 4. Lage- und Schaltplan der Thermoelemente auf dem Kolonnenschuß

Thermoelementen. Dieser Weg wurde auch hier gewählt und dazu auf dem Kolonnenschuß ein 4fach-Thermoelement angebracht, von dem vier Lötstellen gleichmäßig auf die Länge der Kolonne verteilt waren, während von den vier Gegenlötstellen je zwei unterhalb und oberhalb der Trennsäule in die Kolonne hineinragten. Außerdem wurden auf dem Kolonnenschuß vier Einzelthermoelemente angebracht, deren Lötstellen ebenfalls gleichmäßig auf die Länge verteilt waren (siehe Abb. 4). Sämtliche Thermoelemente waren mit Glasfaser isoliert und wurden zunächst provisorisch mit Klebstoff auf dem Kolonnenschuß befestigt. Dann wurde das Ganze mit einem Mantel aus 3 mm starker Asbestpappe umhüllt und auf diesem der Widerstandsdraht für die Heizung aufgewickelt. Die Heizung hatte eine Leistung von 200 Watt; gegebenenfalls konnte auf 800 Watt umgeschaltet werden. Schließlich kam ein Überzug aus wasserglasgetränktem Asbestpapier darüber, der nach dem Trocknen den Draht in seiner Lage fixierte. Die Enden des Vierfachthermoelementes waren an einen Fallbügelregler angeschlossen, dessen Galvanometer bei dieser

Anordnung eine Regelung mit einer Genauigkeit von $\pm$ 0,5···1 °C gestattete. Sobald die mittlere Temperatur zwischen Heizmantel und Kolonne größer wurde als die mittlere Temperatur der Kolonne, schaltete sich die Heizung ab. Die Regelung war sehr empfindlich und genau; die Schwankungen lagen unter ± 1 °C. Die vier Einzelthermoelemente konnten wahlweise an einen Temperaturschreiber angeschlossen werden, so daß eine stete Kontrolle möglich war. Beim Betrieb steckte die Kolonne noch in einem mit Glaswolle gefüllten Metallmantel, der sowohl zur Isolierung als auch zum mechanischen Schutz diente. In diesen Mantel war eine Heizung von 240 Watt eingebaut, die hauptsächlich im unteren Teil untergebracht war. Dadurch wurde die durch Konvektion hervorgerufene unterschiedliche Wärmeabgabe kompensiert. Der Aufbau der Heizung und Isolation ist aus Abb. 5 ersichtlich.

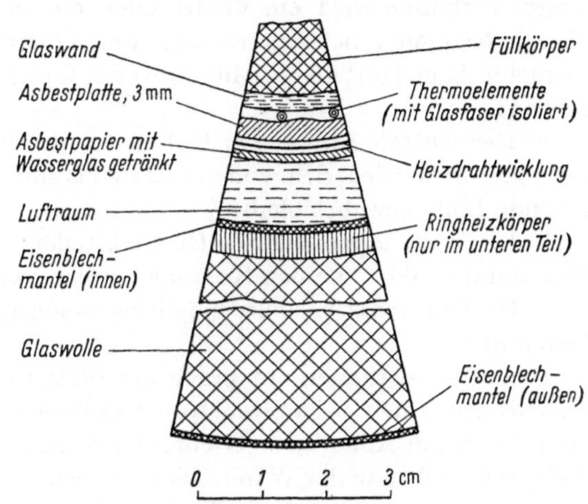

Abb. 5. Querschnitt durch den Kolonnenschuß
mit Heiz- und Isolationsmaterial

Nun waren noch zwei Teile der Apparatur gegen Wärmeabgabe nicht geschützt: das Zwischenstück zwischen Ölbad und Kolonnenschuß sowie der Rücklaufteiler. Diese Teile wurden mit Glaswolle isoliert, in die eine Heizung aus Asbestheizschnur eingelegt war (Abb. 2). Diese Heizung war so dimensioniert, daß sie die Teile auf 230 °C erwärmte; über einen Widerstand konnte sie mit einer Genauigkeit von 5···10 °C auf tiefere Temperatur geregelt werden. In der Höhe des Schwenktrichters jedoch sollte die Möglichkeit bestehen, das abfließende Kondensat zu beobachten. Deshalb wurde hier die Heizung in Form eines dünnen Widerstandsdrahtes direkt auf den Glaskörper gewickelt. Das Stück war im Abstand von etwa 20 mm mit einem Glasmantel umgeben, der mechanischen Schutz und ausreichende Isolation gewährleistete.

Das Rücklaufverhältnis. Das Rücklaufverhältnis ist neben der Bodenzahl die wichtigste Einflußgröße für die Trennschärfe einer Destillation. Wir definieren es als das Verhältnis des Rücklaufes zur Destillatmenge. Im Laborbetrieb begnügt man sich häufig damit, die Menge des Kondensates nach Erfahrungswerten abzuschätzen und die Destillatmenge mit Hilfe eines Hahnes einzustellen. Eine solche Methode ist aber nicht sehr zuverlässig. Deshalb sind schon seit längerer Zeit Vorrichtungen entwickelt worden, um das Rücklaufverhältnis in Laboratoriumskolonnen exakt zu messen und einzustellen [*74, 76, 82–88*].

Von den vielen Lösungen, die hierfür vorgeschlagen wurden, hat sich vornehmlich das Prinzip durchgesetzt, das Kondensat in bestimmten Zeitintervallen abwechselnd in die Kolonne und die Vorrichtung zur Destillatentnahme zu leiten. In den wichtigsten Ausführungsformen dieser Verfahren wird ein Ventil oder ein Schwenktrichter benutzt, die mit Magneten betätigt werden. Für die Konstruktion des hier verwendeten Rücklaufteilers (Abb. 1) waren folgende Gesichtspunkte maßgebend:

a) Der zentrale Aufbau der Kolonne sollte aus Gründen der Stabilität nicht gestört werden, d.h. von der Blase bis zum Kühler sollte eine durchgehende Linie gewahrt bleiben,

b) Die Magnetspule, die den Rücklaufteiler betätigte, mußte genügend weit von der 200 °C heißen Kolonne entfernt sein,

c) Die Konstruktion sollte möglichst wenig glasbläserische Schwierigkeiten bieten.

Diesen Forderungen entsprach am besten ein Schwenktrichter. Bei den meisten bisher bekannten Konstruktionen dieser Art ist der Eisenkern direkt am Ablauf des Trichters befestigt und die Magnetspule befindet sich außen an der Wand. Diese Anordnung konnte hier nicht übernommen werden, weil sich die Spule dann zu dicht an der heißen Kolonne befände. Deshalb wurde ein Seitenarm angebracht, der den Eisenkern enthielt und den Schwenktrichter bewegte. Dieser Seitenarm ruhte in einem Stutzen, über den die Magnetspule geschoben wird. Auf diese Weise kann die Spule ihre Wirkung auch besser entfalten, da sie den Eisenkern in sich hineinzieht.

Zur Einstellung des Rücklaufverhältnisses wurde die Spule in bestimmten Zeitabständen ein- und abgeschaltet. Dieser Vorgang wurde durch eine Schaltuhr getätigt (Abb. 6). Sie bestand aus einem Synchronmotor, dessen Achse genau eine Umdrehung je Minute machte. An der Achse war ein Schleifkontakt befestigt, der sich über eine Kupferfläche bewegte, die z.T. mit Isoliermaterial abgedeckt war. So lange der Kontakt die Kupferplatte berührte, erhielt die Spule Strom; die andere Zeit war sie abgeschaltet. Durch Verschiebung der Platte konnte die Kontaktzeit und damit das Rücklaufverhältnis verändert werden, und zwar im Bereich von 3 : 1 bis 60 : 1. Der hier beschriebene Zeitschalter wurde nach einer Konstruktion von ULUSOY [*81*] entwickelt. Er läßt sich mit einfachen und billigen Hilfsmitteln herstellen, ist jedoch nur für das Arbeiten mit hohen Rücklaufverhältnissen geeignet, da bei niedrigem Rücklaufverhältnis die Entnahmezeit so groß wird, daß der Rücklauf nicht mehr gleichmäßig die Füllkörper benetzt.

Der Destillationsdruck (das Vakuum). Für eine Vakuumdestillation ist es außerordentlich wichtig, daß ein genau konstanter Destillationsdruck aufrechterhalten wird. Besonders unterhalb 10 Torr ändert sich die Siedetemperatur mit dem Druck so stark, daß schon bei kleinen Schwankungen die Destillation empfindlich gestört wird. Zur Regelung des

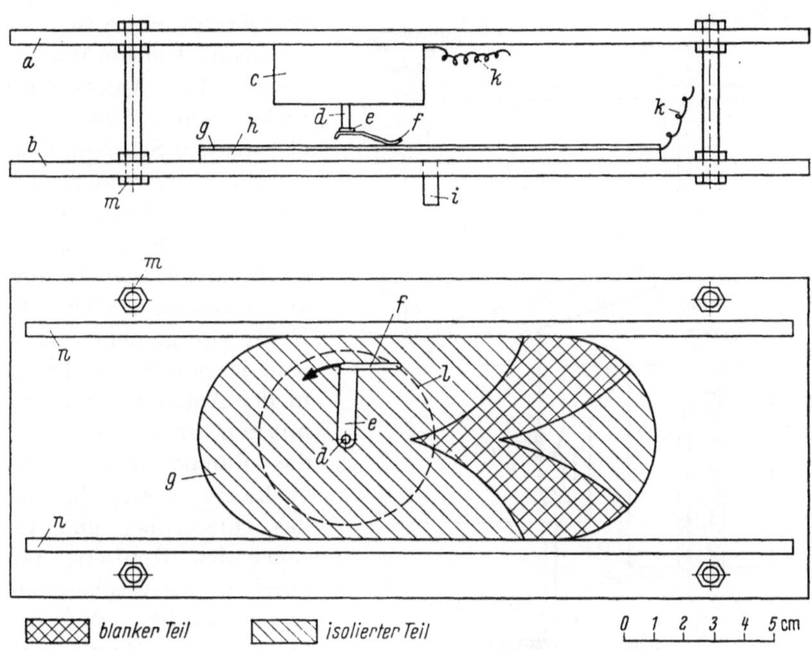

Abb. 6. Zeitschaltuhr

a Grundplatte; *b* Deckplatte; *c* Synchronmotor; *d* Motorachse; *e* Umlaufarm; *f* Feder-Schleifkontakt; *g* Kontaktplatte aus Kupfer; *h* Bakelitunterlage für Kontaktplatte; *i* Griff zum Verschieben der Kontaktplatte; *k* elektrische Anschlußdrähte zum Magneten bzw. zur Stromquelle; *l* Umlaufkreis des Federkontaktes bei einem Rücklaufverhältnis von 30 : 1; *m* Halteschrauben; *n* Führungsleisten

Destillationsdruckes wird in den meisten Fällen ein Luftvolumen unter dem gewünschten Druck eingeschlossen und durch einen Quecksilberverschluß (also eine abgewandelte Form eines Differenzdruck-Manometers) mit der Apparatur verbunden [74, 75, 82, 89]. Die verschiedenen vorgeschlagenen Konstruktionen unterscheiden sich hauptsächlich durch die Art, wie durch die Höhe der Quecksilbersäule der Druck in der Apparatur geregelt wird. Prinzipiell kann dies nach zwei verschiedenen Methoden geschehen: durch Zugabe von Falschluft oder durch Absperren der Pumpenleitung. Im ersten Fall muß das Ventil unter einer Druckdifferenz von nahezu 1 Atm arbeiten, im zweiten Fall nur unter der Differenz zwischen Pumpenleistung und Destillationsdruck, die im all-

gemeinen nur den zehnten bis hundertsten Teil einer Atmosphäre aus-
macht. Diese zweite Methode läßt sich apparativ besser beherrschen und
wurde deshalb hier gewählt. Bei kleinen Apparaturen wird häufig das
Quecksilber selbst als Absperrorgan verwendet. Bei einer so großen Anlage, wie der hier benutzten, schien es jedoch zweckmäßiger, die Absperr-
vorrichtung mit einer eige-
nen Kraftquelle auszustat-
ten, nämlich einem Magnetventil. Der Quecksilber-
regler wurde dann zur
elektrischen Schaltung des
Ventiles verwendet. Die
Anordnung ist aus Abb. 7
ersichtlich. Der Luftraum a
kann mittels des Hahnes
abgeschlossen werden. Der
Hahn wird geschlossen, sobald der gewünschte Druck
in der Apparatur und da-
mit in a erreicht ist. Wenn
die Pumpe jetzt weiter
evakuiert, verschiebt sich
das Quecksilber und be-
rührt den Kontakt. Da-
durch wird ein Ruhestrom-
relais betätigt, das den
Strom für die Magnetspule
abschaltet und damit das
Ventil schließt. Die Verbindung zwischen Pumpe und
Apparatur ist dann unter-
brochen; sie wird erst wieder geöffnet, wenn der
Druck in der Apparatur den

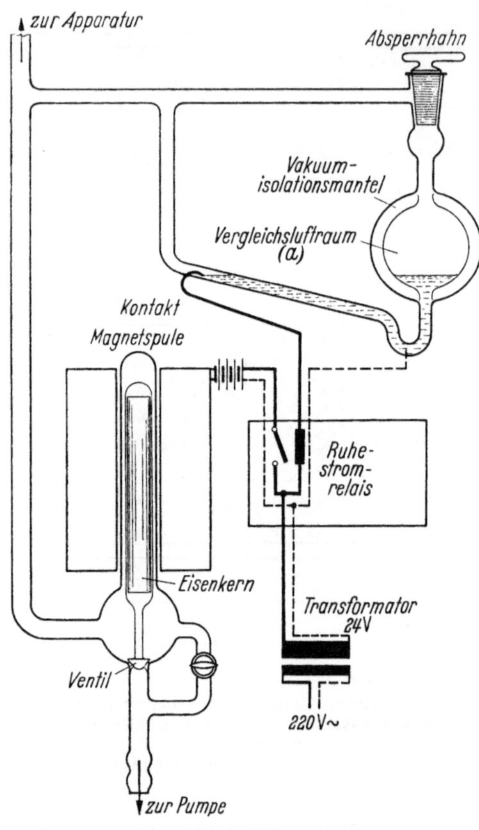

Abb. 7. Druckregelvorrichtung

Druck des eingeschlossenen Luftraumes a überschreitet. Die hier beschriebene Druckregelung hat sich vorzüglich bewährt und arbeitet so empfindlich, daß an dem Manometer keine Druckschwankungen mehr festzustellen waren.

Die Kühlwassertemperatur. Der hohe Schmelzpunkt der Fettsäuren
macht es notwendig, daß alle Teile der Apparatur, die mit den Fettsäuren in Berührung kommen, auf die Schmelztemperatur erwärmt werden müssen. Dies gilt besonders für die Kühler, aber auch für die Leitung
von der Destillatentnahme bis zur Vorlage. Die Kühler müssen mit er-

wärmtem Wasser gespeist werden; am zweckmäßigsten ist es, auch die Destillatleitung mit einem Warmwassermantel zu umgeben. Das hierfür benötigte Wasser wurde zunächst aus dem Stadtnetz entnommen und zur Erwärmung durch eine Glasschlange geführt, die sich in einem elektrisch beheizten Ölbad befand. Die Heizung des Ölbades wurde durch ein Kontaktthermometer geregelt, welches in das Kühlwasser eintauchte. Als die Schmelztemperaturen und damit die Wassertemperatur mit steigender C-Zahl immer höher wurden, begann sich im Wasser Kalk abzuscheiden, der die Leitung verstopfte, was unliebsame Störungen zur Folge hatte. Daraufhin mußte diese Methode geändert werden. Das ganze System wurde mit destilliertem Wasser gefüllt und dies mit einer kleinen Rotationspumpe umgepumpt (Abb. 2.) Da die Kondensationswärme der Fettsäuredämpfe nicht ausreichte, um die Temperatur des Wassers aufrechtzuerhalten, mußte noch eine zusätzliche Heizung eingebaut werden. Hierfür wurde ein Heizelement entwickelt, das ähnlich einem Schlangenkühler gebaut war. In der Glasschlange, die sonst vom Kühlwasser durchflossen wird, war eine Spirale aus Widerstandsdraht eingelegt (Abb. 2, 20). Dieses einfache Heizelement hat sich besonders wegen seiner geringen Trägheit und seinem wartungsfreien Arbeiten gut bewährt. Die Heizleistung wurde wieder mit einem Kontaktthermometer geregelt, das direkt in das Wasser eintauchte.

Die Probenahme. Eine Aufgabe, die nur mit hohem Aufwand an apparativen Vorrichtungen gelöst werden konnte, bestand darin, das Destillat in einzelne Fraktionen zu zerlegen, die von der Apparatur selbsttätig (ohne manuelle Bedienung) in verschiedene Vorlagen abgefüllt werden. Die zunehmende Bedeutung der Chromatographie hat auch die Entwicklung von Fraktionssammlern rasch vorangetrieben, so daß heute hervorragend konstruierte Modelle auf dem Markt sind. Leider lassen sich diese Konstruktionen nicht für das Arbeiten unter Vakuum verwenden. Die bisher vorgeschlagenen Fraktionssammler unter Vakuum [*81, 90, 91*] sind noch ziemlich schwierig zu handhaben, störungsanfällig und kompliziert. Sie eignen sich wenig für einen Betrieb, der längere Zeit nicht unterbrochen werden soll. Verschiedene Gesichtspunkte mußten bei diesem Problem besonders beachtet werden:

a) Der Probeinhalt sollte nicht zu klein sein; vorgesehen waren 250 cm³,
b) Die Anzahl der Proben mußte groß genug sein, um mindestens das in einer Nacht anfallende Destillat aufzunehmen,
c) Die ganze Einrichtung sollte sehr gut vakuumdicht sein, auch nach dem Wechseln der Probengefäße,
d) Die Proben sollten ohne großen Aufwand gewechselt werden können.

Bei den bisher bekannten Konstruktionen sind stets die Probengläser in einem großen Gefäß untergebracht, welches umständlich zu handhaben und schwierig dicht zu halten ist. Deshalb wurde eine Ausführungsform gewählt (Abb. 8), bei der die Vorlagen frei von außen zugängig sind und einzeln durch Schliffe mit der Apparatur in Verbindung stehen. Die größere Anzahl kleiner Schliffe läßt sich besser dicht halten als ein großer. Damit ergab sich die in Abb. 1 dargestellte Konstruktion. Das Destillat wurde zunächst in einem vorgeschalteten Sammelgefäß aufgefangen und

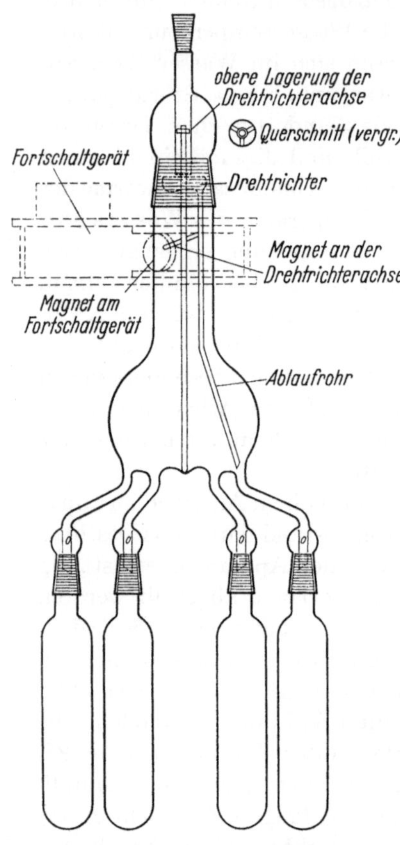

Abb. 8. Automatische Wechselvorlage

dann in eine Vorlage abgelassen, wenn ein bestimmtes Volumen erreicht war. Bei diesem Vorgang mußte durch einen elektrischen Kontakt eine Vorrichtung ausgelöst werden, die dafür sorgte, daß die nächste Fraktion in eine andere Vorlage ablief.

Das Sammelgefäß (Abb. 1) war nach Art eines Soxhletapparates gebaut; sobald es mit 250 cm³ Destillat gefüllt war, lief es durch Heberwirkung leer. In diesem Gefäß befand sich ein Schwimmer, der beim Ansteigen des Flüssigkeitsspiegels angehoben wurde und dabei das Schaltröhrchen für den Probenfortschalter betätigte. Beim Überlaufen gelangte das Destillat in die Vorlage (Abb. 8). Diese bestand aus einem Verteilerstück mit 10 Ansätzen, an denen die Vorlagegläser von je 250 cm³ Inhalt hingen. In dem Verteiler befand sich ein drehbarer Trichter mit einem Ablaufrohr, das sich bei jedem Füllen des Sammelgefäßes auf den nächstfolgenden Ansatz einstellte. Auf diese Weise wurden die 10 Vorlagegläser eines nach dem anderen gefüllt.

Die Drehung des Ablauftrichters bewirkte ein elektrisch-magnetischer Mechanismus. An der Achse des drehbaren Trichters war ein Magnet befestigt, der im Magnetfeld eines außerhalb des Verteilerstückes angebrachten Fortschaltgerätes (Abb. 9) stand, welches die Einstellung des Ablaufrohres auf die Vorlage bewirkte. Dieses Fortschaltgerät enthielt einen Ring, auf dem in diametraler Stellung zwei Magnete a befestigt waren und der über einen außen angebrachten Zahnkranz b gedreht wurde. Der Antrieb erfolgte durch den Motor d über das Zahnrad c. Das Untersetzungsverhältnis zwischen Zahnrad und Zahnkranz betrug 1 : 10. Auf der Zahnradachse befand sich auch die Nockenscheibe *e*, deren Nocken *f* den Federkontakt *g* öffnete. Zu dem Gerät gehörte außerdem noch ein Wischrelais, das bei Erregung für etwa 1 sek den Strom für den Motor

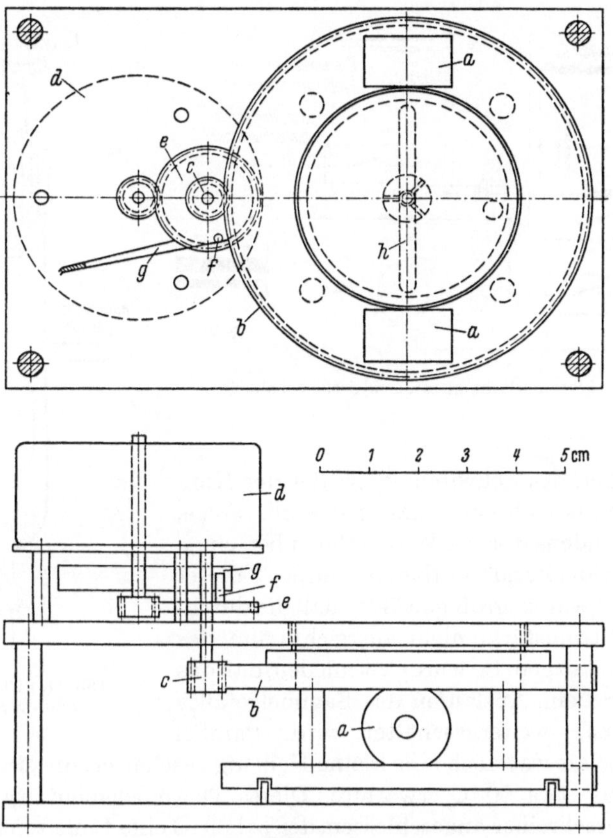

Abb. 9. Probenfortschaltgerät, Gesamtansicht

einschaltete. Aus der Schaltskizze (Abb. 10) ist die Arbeitsweise des Fortschaltmechanismus ersichtlich; durch das Schaltröhrchen, welches der Schwimmer im Sammelgefäß auslöste, wurde das Wischrelais betätigt und ließ etwa 1 sek lang Strom durch, bis sein Kondensator aufgeladen war. Dieser Strom setzte den Motor in Gang und bewirkte bei der Nockenscheibe (auf deren Achse sich das Zahnrad befand) etwa eine Viertelumdrehung. Dadurch löste sich der Nocken von dem Federkontakt und der Motor erhielt nun seinen Strom über diesen – jetzt geschlossenen – Kontakt. Das Zahnrad vollführte eine volle Drehung, dann schaltete der

Nocken über den Federkontakt den Strom ab und der Motor blieb stehen. Infolge des Untersetzungsverhältnisses von 1 : 10 hatte der Zahnkranz mit den Magneten dann genau $^1/_{10}$ Umdrehung gemacht. Durch die magnetische Übertragung h wurde dann das Ablaufrohr auf die nächste Probe eingestellt. Beim Leerlaufen des Sammelgefäßes öffnete sich durch

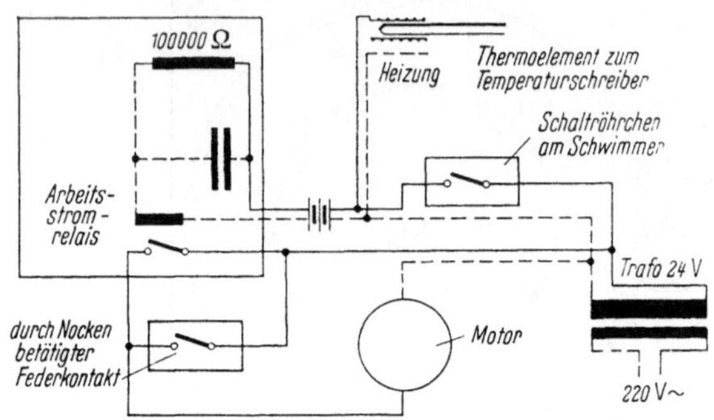

Abb. 10. Probenfortschaltgerät, elektrische Schaltskizze

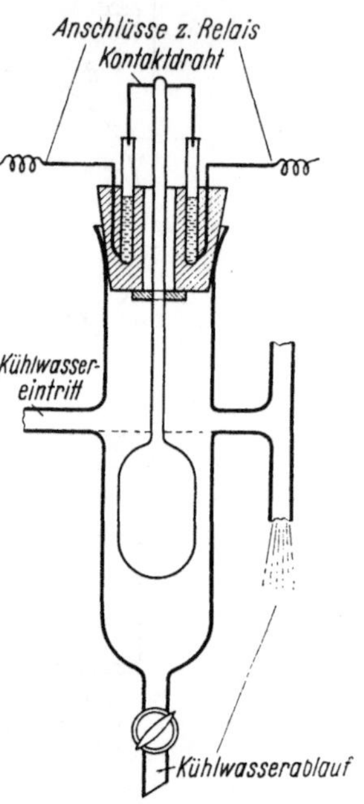

Abb. 11. Sicherung gegen Kühlwassermangel

das Absinken des Schwimmers wieder der Kontakt am Schaltröhrchen. Das hatte zur Folge, daß der Kondensator des Wischrelais über einen Hochohmwiderstand entladen wurde. Dieser Widerstand war so groß gewählt, daß die durchgelassene Stromstärke nicht ausreichte, um das Relais zu betätigen. So wurde vermieden, daß das Ablaufrohr beim Auslaufen des Sammelgefäßes noch einmal weitergeschaltet wird. Parallel mit dem Relais war noch eine kleine Heizung geschaltet, die ein Thermoelement auf etwa 60 °C erwärmte. Dieses Thermoelement war an den Temperaturschreiber angeschlossen, der bei 60 °C eine Linie zeichnete, solange das Schaltröhrchen am Schwimmer den Kontakt geschlossen hielt. Lief das Sammelgefäß leer und füllte eine Probenvorlage, so wurde der Kontakt am Schaltröhrchen geöffnet, das Relais und die parallel geschaltete Heizung abgeschaltet, so daß die Linie auf dem Schreiber bei 20 °C weiterlief. Wenn sich das Sammelgefäß wieder füllte, der Schwimmer sich hob und am Schaltröhrchen den Kontakt schloß, wurden Relais und Heizung wieder eingeschaltet und auf dem Schreiber lief die Linie wieder auf 60 °C. Auf diese Weise konnte auf dem Temperaturschreibstreifen abgelesen werden, wann jede einzelne Vorlage gefüllt worden war und welche Temperaturen zu dieser Zeit in der Kolonne geherrscht hatten.

Sicherung gegen außerbetriebliche Störungen. Um auch gegen außerbetriebliche Einwirkungen nach Möglichkeit geschützt zu sein, war eine Vorrichtung eingebaut, die die Blasenheizung abschaltete, wenn das Kühlwasser ausblieb oder der Druck in der Apparatur über den eingestellten Wert anstieg [76, 82]. In beiden Fällen wurde ein elektrischer Kontakt geschlossen, der das Relais betätigte, über das auch das Kontaktmanometer bei zu hoher Destillationsgeschwindigkeit die Blasenheizung abschaltete.

Das Kühlwasser lief, wenn es aus der Apparatur kam, durch ein Überlaufgefäß, das unten einen kleinen Ablaßhahn hatte (Abb. 11). Blieb das Kühlwasser aus, so lief das Gefäß langsam leer und ein darin befindlicher Schwimmer senkte sich und schloß den Kontakt. Die Sicherung gegen Erhöhung des Druckes in der Apparatur (bei Verstopfung der Vakuumleitung, Ausfall der Pumpe oder Bruch) bestand aus einem offenen U-Manometer, dessen einer Schenkel mit der Apparatur in Verbindung stand. Im anderen Schenkel befand sich ein etwa 3 cm über dem Quecksilberspiegel eingestellter Draht, über den bei Druckerhöhung in der Apparatur der Kontakt geschlossen wurde.

Überwachung der Anlage. Zur laufenden Kontrolle der Destillation wurde ein Sechsfarben-Temperaturschreiber verwendet. Mit ihm wurden folgende Größen registriert:

1. Ölbadtemperatur,
2. Kolonnentemperatur unterhalb der Trennsäule,
3. Temperatur zwischen Kolonnenschuß und Heizmantel (wahlweise an vier Stellen),
4. Temperatur oberhalb der Trennsäule (Kopftemperatur),
5. Temperatur im Ölbad zur Kühlwasservorheizung bzw. Kühlwassertemperatur,
6. Zeitpunkt des Füllens einer Vorlage.

b) Die Destillation

Als Ausgangsmaterial für die Destillation dienten Fettsäuren aus der Spaltung von Kokos- und Palmkernfetten. Sie waren schon einmal destilliert worden, so daß die einzelnen Komponenten mit einer Reinheit von etwa 90% zur Verfügung standen.

Zu Beginn der Destillation wurden zunächst die beiden leichtest siedenden Komponenten, C_6 und C_8, in einer Menge von je 6–8 l in die Blase eingefüllt und bei einem Rücklaufverhältnis von 20 : 1 destilliert. Die Wahl des Destillationsdruckes richtete sich nach der jeweiligen Siedetemperatur. Nach Möglichkeit sollte in der Blase eine Temperatur von etwa 200 °C herrschen. Nur bei den Komponenten C_{14} und C_{16} mußten höhere Temperaturen zugelassen werden, weil der Druck nicht weiter erniedrigt werden konnte.

Das Destillat fiel in Proben von 250 cm³ an. Von jeder Probe wurde der Erstarrungspunkt bestimmt, um einen Aufschluß über die Reinheit der Substanz zu erhalten. Die Bestimmung des Erstarrungspunktes bietet den Vorteil, daß alle Verunreinigungen ihn in gleicher Weise beeinflussen, nämlich erniedrigen. Der höchste erreichte Erstarrungspunkt stellte dann den höchsten erreichbaren Reinheitsgrad dar. Proben, die diesen Erstarrungspunkt aufwiesen, wurden zur Gleichgewichtsmessung verwendet. Im Laufe der Destillation zeigte sich, daß bei jeder Fraktion die Abscheidung eines sehr großen Vorlaufes (etwa 2 l) notwendig war, ehe das reinste Produkt erhalten wurde. Der größte Teil dieses Vorlaufes bestand aus Fettsäure, deren Erstarrungspunkt nur wenige Zehntel Grad unter dem der reinen Substanz lag. Wahrscheinlich treten dabei ungesättigte und isomere Verbindungen als Verunreinigungen auf, wofür auch die bei diesen Proben gefundenen höheren Jodzahlen sprechen. Der Nachlauf dagegen war stets klein, etwa 0,5 l.

Wenn die Übergangsfraktion zwischen C_6 und C_8 erreicht war, so wurde von der nächsten Komponente, C_{10}, 6–8 l dazugegeben. Das hat den Vorteil, daß die in dieser Komponente enthaltenen Verunreinigungen an C_8 und evtl. C_6 in der Übergangsfraktion mit abdestilliert werden. Wenn dann später in der zweiten Hälfte der C_8-Fraktion die reinste Form des Destillates anfällt, kann diese bis zum Ende der Fraktion erhalten werden, weil sie von der C_{10}-Fraktion hochgetrieben wird. In gleicher Weise wurde dann während der Übergangsfraktion C_8–C_{10} die C_{12}-Komponente dazugegeben, während der Übergangsfraktion C_{10}–C_{12} die C_{14} usw.

Das hier beschriebene Verfahren hat zwar den Nachteil, daß die Komponente, welche man als Destillat erhält, im günstigsten Fall nur zu 50% in der Blase enthalten ist. Trotzdem wird auf diese Weise die größte Ausbeute an Substanzen höchster Reinheit erzielt. Setzt man nämlich nur eine Komponente, z.B. C_8, in die Blase ein, so muß die Destillation abgebrochen werden, wenn noch ein Rückstand von 2–3 l in der Blase ist. Andernfalls steigt die Ölbadtemperatur um 20–30 °C über die Blasentemperatur an, was wegen der thermischen Empfindlichkeit der Fettsäuren und des Heizöles vermieden werden sollte. Diese 2–3 l Rückstand enthalten jedoch keine der so schwer abtrennbaren leichter siedenden Verunreinigungen mehr und könnten größtenteils als Destillat höchster Reinheit gewonnen werden. Füllt man jetzt aber die C_{10}-Komponente in die Kolonne ein, die als Verunreinigung etwas C_8 und deren ungesättigte und isomere Beimengungen enthält, so müssen die letzteren erst wieder als Vorlauf abgetrennt werden. Wie Versuche zeigten, wird dann bei dem Rest der Fraktion nur wenig oder gar kein Destillat mehr von so hoher Reinheit erhalten, wie man es vor der Zugabe der C_{10} gewinnen konnte.

Die Reinigung der Fettsäuren durch Destillation ist – wenn man an den Reinheitsgrad sehr hohe Anforderungen stellt – vor allem ein Problem der Abtrennung von Vorlaufbestandteilen, deren Siedepunkt sehr nahe bei dem der reinen Komponente liegt. Die Trennung der einzelnen Komponenten voneinander ist dagegen wesentlich leichter. Bei der Destillation der C_{14} und C_{16} zeigte sich, daß der höchste erreichte Schmelzpunkt 0,5–3,0 °C tiefer lag, als in der Literatur angegeben war. Möglicherweise trat bei den hohen Destillationstemperaturen schon geringe Zersetzung ein, deren Produkte dann das Destillat verunreinigten. Diese beiden Fettsäuren wurden deshalb noch durch Kristallisation gereinigt.

c) Die Kristallisation

Nach einer Reihe von Vorversuchen wurde für die Kristallisation das in Abb. 12 dargestellte Gefäß verwendet und folgendes Arbeitsschema eingehalten:

1. Füllung des Raumes unter der Filterplatte mit Wasser,
2. Zugabe von 8 l Benzol und Erwärmung mittels Tauchsieder auf 40–50 °C,

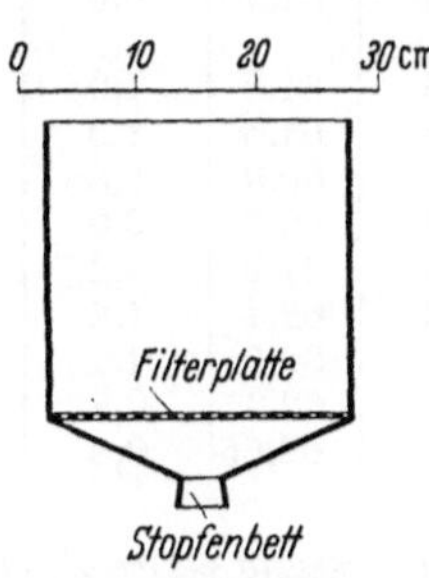

Abb. 12. Kristallisationsgefäß

3. Vermischung mit 4 l geschmolzener Fettsäure von 80 °C,
4. Sorgfältige Isolierung mit Glaswolle und 48stündiges Stehenlassen,
5. Ablassen des Lösungsmittels durch Entfernen des Korkstopfens (ablaufende Lösungsmittelmenge 4–5 l),
6. MehrstündigesAbtropfen und anschließend Absaugen des Lösungsmittels (dabei Rückgewinnung von weiteren 1–1,5 l),

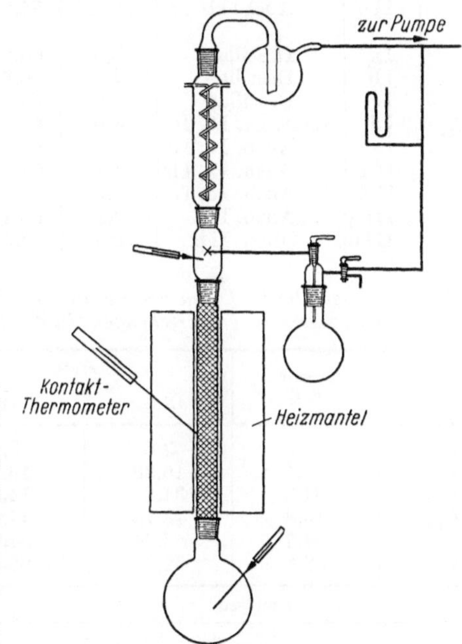

Abb. 13. Destillationskolonne für die bei der Kristallisation erhaltenen Fettsäuren

7. Destillation einer Probe zur Entfernung des Benzols (durch Aufbewahrung im Vakuum-Exsikkator konnte das Benzol nicht restlos entfernt werden),
8. Bestimmung des Schmelzpunktes der Probe,

9. Bei nicht genügender Reinheit Wiederholung der Arbeitsgänge, beginnend bei Punkt 1,

10. Bei befriedigender Reinheit Destillation der gesamten Kristallmasse in einer Kolonne (Abb. 13).

Der Verlauf der Kristallisation ist aus Tab. 1 ersichtlich. Bei allen Erstarrungspunktangaben ist die Fadenkorrektur berücksichtigt. Das zur Messung benutzte Thermometer war an den Fixpunkten 0 °C und 100 °C geprüft worden. Zur Prüfung bei 0 °C wurde eine aus destilliertem Wasser

Tabelle 1. *Überblick über den Verlauf der Reinigung durch Kristallisation der Fettsäuren C_{14} und C_{16}*

| Fett-säure | Krist. Nr. | Einsatz | | | Ausbeute | | Rückstand | |
		erhalten aus	Menge in Liter	E.P. °C	Menge in Liter	E.P. °C	Menge in Liter	E.P. °C
C_{14}	I a	Destillat	4,0	53,7	2,7	54,1	1,3	52,9
	I b	Destillat	4,0	53,2	2,7	54,0	1,3	51,6
	II a	Ausb. I a	2,7	54,1	1,8	54,35	0,9	53,6
	II b	Ausb. I b	2,7	54,0	1,8	54,30	0,9	53,4
C_{16}	I a	Destillat	3,5	60,6	2,5	61,8	1,0	58,0
	I b	Destillat	4,0	60,2	2,8	61,6	1,2	57,3
	I c	Destillat	4,0	59,5	2,2	60,9	1,8	57,8
	I d	Rkst. I a, I b, I c	4,0	57,7	2,0	60,7	2,0	55,7
	I e	Ausb. I c, I d	4,2	60,8	2,8	61,9	1,2	57,9
	II a	Ausb. I a, I b	4,1	61,7	2,8	62,4	1,2	59,8
	II b	Ausb. I a, I e	4,0	61,9	2,4	62,5	1,2	59,8
	III a	Ausb. II a	2,8	62,4	2,0	62,6	0,8	61,9
	III b	Ausb. II b	2,8	62,5	2,0	62,65	0,8	61,9

Tabelle 2. *Physikalische Daten der für die Gleichgewichtsmessung verwendeten Fettsäuren sowie die entsprechenden, in der Literatur angegebenen Werte*

| Fettsäure | gemessen E.P. | Literatur | | Jodzahl | Reinheitsgrad aus Jodzahl berechnet |
		E.P.	S.P.		
C_6		− 3,6	− 3,4	0,53	99,76
C_8	16,4	16,38	16,7	0,97	99,45
C_{10}	31,3	31,2	31,6	1,23	99,12
C_{12}	43,8	43,75	44,2	0,41	99,68
C_{14}	54,3	53,74	54,4	0,12	99,89
C_{16}	62,6	62,6	62,9	0,29	99,71

| Fettsäure | gemessen | | | Literatur | | |
	n_D^{30}	n_D^{50}	n_D^{70}	n_D^{30}	n_D^{50}	n_D^{70}
C_6	1,4134	1,4053	1,3970	1,4132	1,4054	1,3972
C_8	1,4259	1,4171	1,4083	1,4243	1,4167	1,4089
C_{10}		1,4249	1,4168		1,4248	1,4169
C_{12}		1,4307	1,4228		1,4304	1,4230
C_{14}			1,4271			1,4273
C_{16}			1,4308			1,4309

hergestellte Eis-Wasser-Mischung verwendet. Zur Prüfung bei 100 °C
hatte das Thermometer in strömendem Wasserdampf gehangen, der ebenfalls aus destilliertem Wasser erzeugt worden war.

Einen Überblick über die physikalischen Daten der Fettsäuren, die
für die Gleichgewichtsmessung verwendet wurden, gibt Tab. 2.

III. Die Ermittlung genauer Dampfdruckkurven

Zur Mittelung und Prüfung der Dampfdruckdaten wurden zunächst
die in der Literatur angegebenen Werte [62, 63, 64] in ein logarithmisches

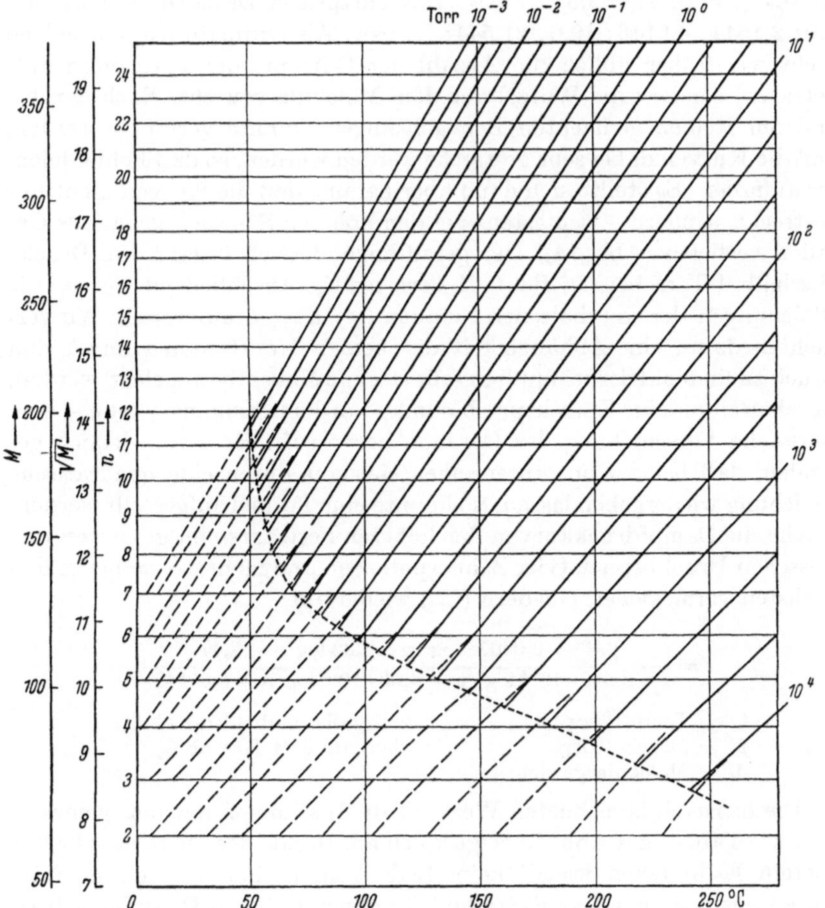

Abb. 14. Siedepunktsverfahren der Fettsäuren für konstanten Druck aufgetragen gegen die Wurzel
aus dem Molekulargewicht. n = C-Zahl; M = Molekulargewicht; 10^+ = Drucklinien (Torr);
– – – – – Grenze des Geltungsbereiches der Dampfdruckformel

Diagramm eingetragen und graphisch ausgeglichen. Daraufhin sollte ein Ausgleich auf Grund der Kontinuität innerhalb der homologen Reihe durchgeführt werden. Diese Methode war auch schon früher von STAGE [*92*] zur Kontrolle und Interpolation von Dampfdruckwerten eingesetzt worden. Auch JANTZEN u. ERDMANN [*62*] haben bereits Beziehungen der Dampfdruckkurven von Fettsäuren untereinander entwickelt, wobei sie diese nach der DÜHRINGschen Regel überprüften. Bei der hier angewandten Methode wurden als Abszisse die Siedetemperaturen der homologen Reihe der Fettsäuren bei verschiedenen konstanten Drucken aufgetragen. Die Drucke sollten gleichen logarithmischen Abstand voneinander haben und in jeder Zehnerpotenz drei Kurven liefern. So ergaben sich Werte von $\log p_{\text{(Torr)}} = 0$; 1/3; 2/3 ... usw. Das entspricht Drucken in Torr von 1,0; 2,1544; 4,6146; 10,0; 21,544; ... usw. Als Ordinate wurden jedoch nicht wie früher üblich die Anzahl der C-Atome der Fettsäuren aufgetragen, sondern die Wurzel aus dem Molekulargewicht. Nach den bei anderen Reihen gemachten Beobachtungen, konnte vermutet werden, daß die Kurven dabei sehr gestreckt werden würden, so daß Fehler leichter auffallen. Es stellte sich dann aber heraus, daß die Kurven nicht nur gestreckt, sondern – wenigstens bei den höheren Säuren – genau als Geraden verliefen (Abb. 14). Der geradlinige Bereich begann für Drucke oberhalb 1 Torr bei C_6, für 0,01 Torr bei C_9. Anschließend wurden die Gleichungen der so erhaltenen Geraden ($y = a\,x + b$) aufgestellt. Wir versuchten dann, eine Abhängigkeit der beiden Konstanten a und b vom Druck zu finden. Hierbei mußten sehr strenge Maßstäbe angelegt werden, da schon eine kleine Korrektur – besonders an dem Steigungswert a – eine merkliche Verschiebung der Geraden hervorruft. Es wurde jedoch gefunden, daß beide Konstantenreihen sich gut durch eine quadratische Gleichung wiedergeben lassen. So konnte eine Formel aufgestellt werden, welche die Dampfdruckkurven der höheren Fettsäuren im gesamten vermessenen Druckbereich (vier Zehnerpotenzen und mehr) sowie bis zu den höchsten vermessenen Gliedern (C_{22}) wiedergibt.

$$t = \frac{\sqrt{M} + 0,06075 \log^2 p + 1,32 \log p - 7,47}{-3,540 \cdot 10^{-4} \log^2 p - 4,00 \cdot 10^{-3} \log p + 0,05142}$$

t = Temperatur °C, gültig oberhalb 1 Torr ab C_6,
p = Druck, Torr. oberhalb 0,01 Torr ab C_9.
M = Molekulargewicht,

Die hiernach berechneten Werte (Tab. 3) stimmen mit den gemessenen, wie Tab. 4 und Abb. 15 zeigt, auch am Rande des Systems sehr gut überein. Es bestehen deshalb keine Bedenken, die Formel auch für Fettsäuren mit noch längerer Kette und für einen größeren Druckbereich zu verwenden. Zersetzungsdrucke können allerdings nicht berücksichtigt werden.

Tabelle 3. *Siedepunkte der Fettsäuren, berechnet nach der angegebenen Dampfdruckformel*

Druck (Torr)	C_6	C_7	C_8	C_9	C_{10}	C_{11}
0,001					37,02	45,82
0,002					42,27	51,16
0,005					49,70	58,72
0,01				46,38	55,86	65,00
0,02				52,81	62,42	71,69
0,05				62,12	71,94	81,40
0,1		48,48	59,34	69,55	79,54	89,16
0,2		56,25	67,36	77,72	87,90	97,70
0,5		67,31	78,72	89,37	99,83	109,91
1	63,98	76,43	88,10	98,99	109,68	119,99
2	73,54	86,29	98,25	109,41	120,37	130,93
5	87,51	100,72	113,11	124,66	136,02	146,96
10	99,21	112,81	125,45	137,45	149,14	160,40
20	112,01	126,04	139,19	151,47	163,52	175,14
50	130,96	145,64	159,40	172,25	184,86	197,02
100	146,85	162,14	176,43	189,76	202,86	215,48
200	164,83	180,71	195,59	209,47	223,10	236,24
500	191,85	208,67	224,44	239,16	253,61	267,54
760	205,91	223,25	239,50	254,67	269,57	283,93

Druck (Torr)	C_{12}	C_{13}	C_{14}	C_{15}	C_{16}	C_{17}
0,001	54,12	62,26	70,06	77,70	85,01	92,31
0,002	59,55	67,77	75,66	83,38	90,76	98,14
0,005	67,23	75,57	83,57	91,44	98,89	106,38
0,01	73,62	82,07	90,17	98,10	105,69	113,28
0,02	80,43	89,00	97,22	105,26	112,96	120,65
0,05	90,33	99,07	107,46	115,67	123,53	131,38
0,1	98,24	107,14	115,67	124,02	132,01	140,00
0,2	106,96	116,02	124,72	133,23	141,38	149,52
0,5	119,41	128,73	137,67	146,42	154,78	163,15
1	129,72	139,25	148,39	157,33	165,89	174,45
2	140,89	150,66	160,02	169,19	177,96	186,73
5	157,28	167,39	177,09	186,58	195,66	204,75
10	171,02	181,43	191,42	201,19	210,54	219,88
20	186,10	196,84	207,14	217,23	226,87	236,52
50	208,49	219,72	230,50	241,06	251,15	261,24
100	227,38	239,05	250,23	261,19	271,67	282,14
200	248,64	260,78	272,43	283,84	294,74	305,65
500	280,68	293,56	305,91	318,00		
760	297,48	310,75	323,49			

Druck (Torr)	C_{18}	C_{19}	C_{20}	C_{21}	C_{22}	C_{24}
0,001	99,12	105,93	112,57	119,04	125,52	137,80
0,002	105,02	111,89	118,60	125,15	131,69	144,10
0,005	113,36	120,34	127,15	133,70	140,42	153,02
0,01	120,34	127,41	134,31	141,03	147,76	160,52
0,02	127,82	134,99	141,98	148,80	155,62	168,56
0,05	138,70	146,02	153,16	160,12	167,08	180,29
0,1	147,45	154,89	162,16	169,23	176,32	189,76
0,2	157,10	164,69	172,09	179,31	186,53	200,22
0,5	170,95	178,74	186,35	193,76	201,18	215,25

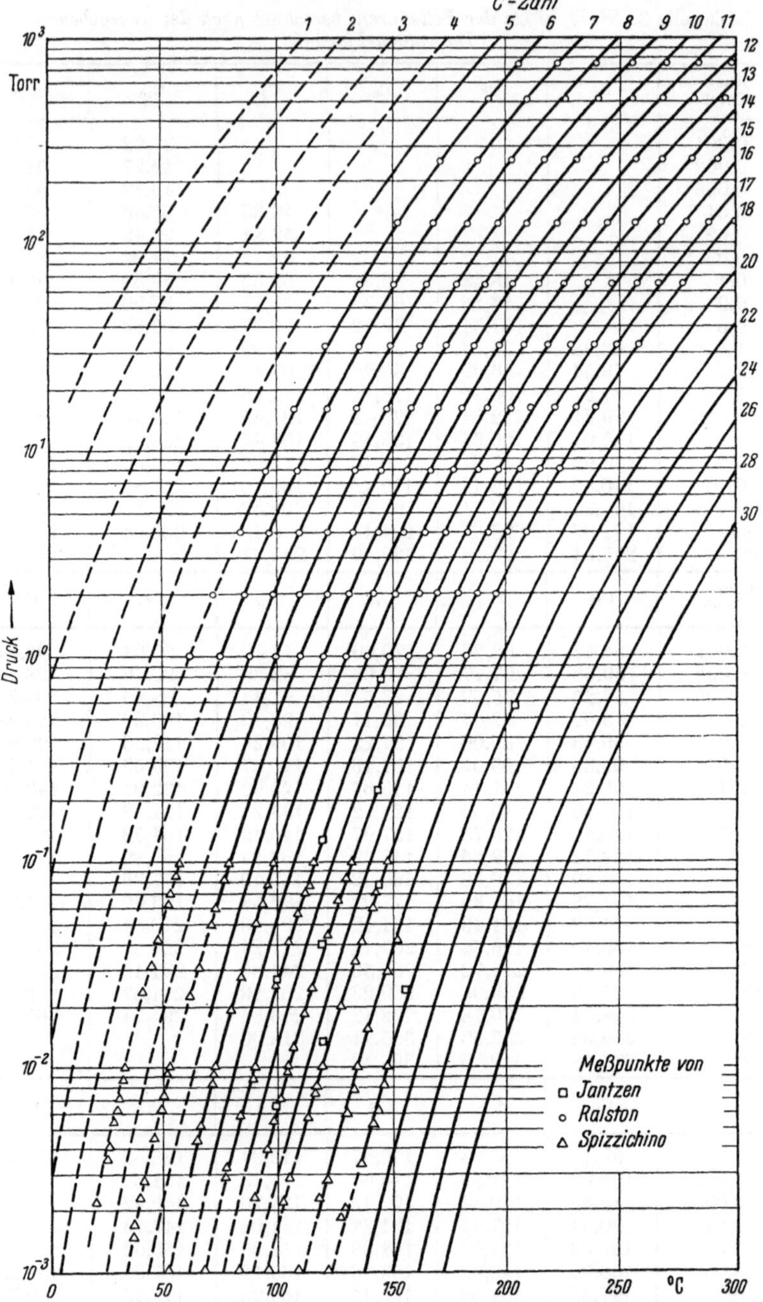

Abb. 15. Dampfdruckkurven der Fettsäuren. ——— Dampfdruckformel gültig;
————— nach Meßwerten, die von der Formel abweichen

Tabelle 3 (Fortsetzung)

Druck (Torr)	C_{18}	C_{19}	C_{20}	C_{21}	C_{22}	C_{24}
1	182,42	190,39	198,17	205,76	213,54	227,73
2	194,90	203,07	211,04	218,81	226,58	241,33
5	213,21	221,67	229,93	237,98	246,03	261,30
10	228,60	237,31	245,80	254,09	262,38	278,10
20	245,51	254,49	263,26	271,81	280,36	296,58
50	270,64	280,05	289,22	298,16	307,11	324,08
100	291,90	301,67	311,19	320,48	329,76	347,38

Tabelle 4. *Siedepunkte der Fettsäuren. Vergleich einiger nach der Dampfdruckformel berechneter Werte mit Angaben aus der Literatur*

Druck (Torr)	Siede-Temperatur ber. n. Formel	Lit.-Angabe	Temp.-Diff.	Siede-Temperatur ber. n. Formel	Lit.-Angabe	Temp.-Diff.	Autor
	C_8			C_{10}			
0,05				71,9	71,2	+ 0,7	Spizzichino
0,1	59,3	57,5	+ 1,8	79,5	79,0	+ 0,5	
1	88,1	87,5	+ 0,6	109,7	110,3	− 0,6	Ralston
16	134,7	134,6	+ 0,1	158,8	159,4	− 0,6	
128	183,0	183,3	− 0,3	209,8	209,8	± 0,0	
760	239,5	239,7	− 0,2	269,6	270,0	− 0,4	
	C_{12}			C_{14}			
0,001	54,1	52,0	+ 1,9	70,0	68,0	+ 2,0	Spizzichino
0,00515	67,5	66,2	+ 1,3				
0,00575				85,5	84,0	+ 1,5	
0,01	73,6	72,0	+ 1,6	90,2	89,5	+ 0,7	
0,05	90,3	91,0	+ 0,3				
0,0583				109,0	109,6	+ 0,6	
0,1	98,2	98,0	+ 0,2	115,7	116,5	− 0,8	
0,027				100,4	99,7	+ 0,7	Jantzen
0,13				118,9	120,0	− 1,1	
0,77				144,4	144,5	− 0,1	
1	129,7	130,2	− 0,5	148,4	149,2	− 0,8	Ralston
16	181,2	181,8	− 0,6	202,0	202,4	− 0,4	
128	234,7	234,3	+ 0,4	257,8	257,3	+ 0,5	
760	297,5	298,9	− 1,4				
	C_{16}			C_{18}			
0,001	85,0	82,5	+ 2,5	99,1	96,0	+ 2,9	Spizzichino
0,0055	100,0	98,7	+ 1,3				
0,00575				114,9	113,0	+ 1,9	
0,01	105,7	104,8	+ 0,9	120,3	119,0	+ 1,7	
0,0445	122,1	122,0	+ 0,1				
0,0596				141,0	141,8	− 0,8	
0,1	132,0	132,0	± 0,0	147,5	148,0	− 0,5	

Tabelle 4 (Fortsetzung)

	Siede-Temperatur			Siede-Temperatur			Autor
Druck (Torr)	ber. n. Formel	Lit.- Angabe	Temp. Diff.	ber. n. Formel	Lit.- Angabe	Temp. Diff.	
C_{16}				C_{18}			
0,040	121,0	120,0	+ 1,0				JANTZEN
0,077				144,2	144,2	± 0,0	
0,225	142,9	143,5	− 0,6				
1	165,9	167,4	− 1,5	182,4	183,6	− 1,2	RALSTON
16	221,5	221,5	± 0,0	240,0	240,0	± 0,0	
128	279,6	278,7	+ 0,9	300,1	299,7	+ 0,4	
C_{20}				C_{22}			
0,001	112,6	109,0	+ 3,6	125,5	122,0	+ 3,5	SPIZZICHINO
0,00283	121,8	121,6	+ 0,2				
0,00526				141,4	142,0	− 0,6	
0,01	134,3	135,0	− 0,7	147,8	148,0	− 0,2	
0,0415	150,6	152,8	− 2,2				
0,024	158,1	156,3	+ 1,8				JANTZEN
0,58	203,9	205,0	− 1,1				

IV. Die Temperaturbeständigkeitsprüfung und Proben'analyse

Bevor mit Gleichgewichtsmessungen begonnen wurde, mußte festgestellt werden, welche Temperaturen die Fettsäuren noch vertragen, ohne ins Gewicht fallende thermische Schäden zu erleiden. Die Untersuchungen sollten zeigen, bei welcher Temperatur und Erhitzungszeit die Zersetzungserscheinungen ein Ausmaß erreichen, das die Gleichgewichtsmessungen unmöglich macht. Dabei haben die Zersetzungsprodukte zweierlei Wirkung:

1. Sie beteiligen sich als zusätzliche Komponenten an der Gleichgewichtseinstellung,
2. sie beeinflussen die physikalische Kenngröße, mit der die Probe analysiert wird, und führen damit zu falschen Konzentrations-Bestimmungen.

Die erstgenannte Wirkung dürfte entscheidende Fehlbestimmungen nicht zur Folge haben. Die beiden Gemischpartner, bei denen es sich um homologe Verbindungen handelt, würden durch zusätzliche Komponenten in fast gleicher Weise beeinflußt werden, und es wäre deshalb keine wesentliche Änderung des Gleichgewichtes zu erwarten. Anders liegen die Verhältnisse bei der Bestimmung physikalischer Kenngrößen; die zur Analyse verwendeten physikalischen Daten liegen für homologe Verbindungen sehr nahe beieinander und es ist unwahrscheinlich, daß die entsprechende Eigenschaft einer dritten Komponente in dem gleichen Bereich liegen würde. So kann die Konzentrationsbestimmung schon durch geringe Mengen von Fremdsubstanzen erheblich verfälscht werden. Auf diesen Fehler ist also das Hauptaugenmerk zu richten; er ist stark vom Analysenverfahren abhängig.

Zur Untersuchung wurden Proben von C_8 und C_{14} in Glasröhrchen unter Vakuum eingeschmolzen und während verschieden langer Zeiten verschieden hohen Temperaturen ausgesetzt. Die Temperaturen betrugen bei

C_8 100, 150, 180, 200 und 220 °C
C_{14} 150, 200, 230, 260 und 280 °C

Zum Erhitzen wurde bei C_8 ein Ölbad benutzt, für C_{14} ein Aluminiumheizblock. Die Proben waren in einem Kreis angeordnet, in dem sich auch das Kontaktthermometer zur Temperaturregelung befand. Die Erhitzungszeiten betrugen bei beiden Substanzen 0,5, 1, 2, 4, 10 und 24 Stunden. Die Ergebnisse waren überraschend günstig: Selbst bei den höchsten Temperaturen und längsten Erhitzungszeiten waren keine nennenswerten Änderungen im Schmelzpunkt und Brechungsindex festzustellen. Bei C_8 wurde allerdings eine Gelbfärbung

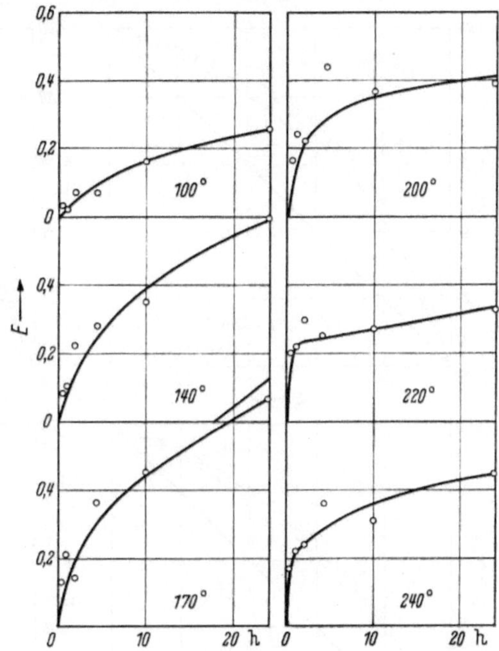

Abb. 16. Farbänderung der Fettsäure C_8 beim Erhitzen auf verschiedene Temperaturen. Extinktion aufgetragen gegen Erhitzungszeit

beobachtet, die photometrisch vermessen wurde. Die Meßergebnisse sind in Abb. 16 und Tab. 5 dargestellt. Man sieht, daß in den ersten zwei Stunden die Farbwerte stark ansteigen, während danach der Anstieg wesentlich langsamer erfolgt. Die Ursache könnte darin liegen, daß geringe

Tabelle 5. *Extinktion von C_8-Proben (nach der Temperaturbeständigkeitsprüfung)*

Std.	100°	140°	170°	200°	220°	240°
0,5	0,03	0,08	0,13	0,16	0,20	0,18
1	0,02	0,10	0,21	0,24	0,22	0,22
2	0,07	0,22	0,14	0,22	0,30	0,24
5	0,07	0,28	0,36	0,44	0,25	0,36
10	0,16	0,35	0,45	0,36	0,27	0,31
24	0,26	0,60	0,67	0,39	0,33	0,45

Mengen ungesättigter Säure, die durch die Destillation nicht mehr entfernt werden konnten, sich zunächst polymerisierten und dieses Polymerisat dann langsam mit der gesättigten Säure reagierte. Bei der C_{14} traten nicht einmal Farbänderungen auf. Diese Säure war durch Umkristallisieren gereinigt worden, wobei auch die letzten Spuren ungesättigter

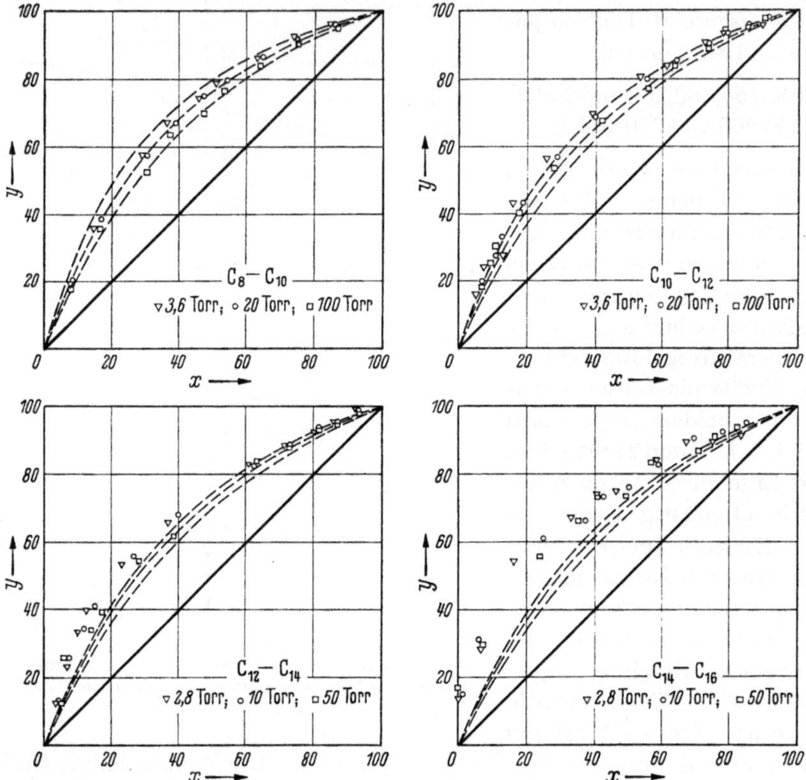

Abb. 17. Gleichgewichtsmessungen an Fettsäuren. Meßpunkte erhalten durch Bestimmung der Brechungsindices. Zum Vergleich sind die aus den Dampfdrucken berechneten Kurven angegeben.

Verbindungen entfernt wurden. Nach diesen Beobachtungen bestanden keine Bedenken, die Fettsäuren in der Gleichgewichts-Apparatur bis auf 250 °C zu erhitzen.

Die Ergebnisse der Gleichgewichtsmessungen, bei denen die Proben refraktometrisch gemessen wurden, zeigten jedoch mit Ausnahme der $C_6–C_8$ starke Streuungen, die zu den höheren Säuren immer mehr zunahmen (Abb. 17, Tab. 6). Dies machte sich besonders deutlich bemerkbar, wenn an Stelle der Gleichgewichtsdiagramme die α-Werte aufgetragen wurden. Nach diesen Erfahrungen war es notwendig, das Verhalten der

Tabelle 6. *Phasengleichgewichte von Fettsäuren. Original-Meßwerte durch Bestimmung der Brechungsindices*

Gemisch: C_6–C_8, 10 Torr

Meß. P. Nr.	Fl.-Konz.		Dampf-Konz.		Siede-Temperatur			$\alpha_{gem.}$
	Sktl.	Mol%	Sktl.	Mol%	Thermo-Element	Thermo-meter	mittl. Temp.	
C_6					98,7	98,3	98,5	
I	6586	92,5	6690	97,8	99,5	99,8	99,6	3,60
II	6226	85,8	6612	95,7	100,0	100,3	100,2	3,69
III	5868	76,3	6472	92,1	102,2	101,8	102,0	3,63
IV	5544	67,4	6348	88,9	103,5	103,6	103,5	3,88
V	5230	58,6	6175	84,4	105,5	106,0	105,7	3,82
VI	3597	8,6	4110	25,5	121,9	121,5	121,7	3,64
VII	3861	17,4	4706	43,5	117,8	117,4	117,6	3,65
VIII	4168	27,5	5197	57,7	114,6	114,2	114,4	3,60
IX	4416	34,9	5539	67,3	111,8	111,6	111,7	3,83
X	4655	42,0	5784	74,0	110,2	109,2	109,7	3,94
XI	4883	48,8	5948	78,4	108,0	107,9	108,0	3,81
C_8					125,6	125,4	125,5	

Gemisch: C_6–C_8, 30 Torr

Meß. P. Nr.	Sktl.	Mol%	Sktl.	Mol%	Thermo-Element	Thermo-meter	mittl. Temp.	$\alpha_{gem.}$
C_6					119,1	118,8	119,0	
I	6468	92,0	6658	96,9	120,3	120,2	120,2	2,72
II	6240	86,1	6598	95,3	121,2	121,2	121,2	3,35
III	5885	76,8	6455	91,7	122,9	122,9	122,9	3,34
IV	5556	67,7	6310	87,9	124,6	124,9	124,8	3,48
V	5242	59,0	6170	84,3	127,1	126,7	126,9	3,73
VI	3623	9,5	4090	25,0	142,9	143,7	143,3	3,17
VII	3878	17,9	4660	42,1	139,5	139,3	139,4	3,33
VIII	4195	28,2	5178	57,1	136,0	135,6	135,8	3,39
IX	4449	35,8	5486	65,8	133,4	133,1	133,2	3,46
X	4685	42,9	5727	72,4	131,4	131,0	131,2	3,50
XI	4909	49,5	5927	77,9	129,7	129,0	129,4	3,60
C_8					147,5	147,1	147,3	

Gemisch: C_6–C_8, 100 Torr

Meß. P. Nr.	Sktl.	Mol%	Sktl.	Mol%	Thermo-Element	Thermo-meter	mittl. Temp.	$\alpha_{gem.}$
C_6					146,3	147,0	146,7	
I	6463	91,9	6665	97,1	147,6	148,6	148,1	2,95
II	6236	86,0	6569	94,6	149,7	149,5	149,6	2,86
III	5895	77,0	6420	90,8	151,5	151,4	151,5	2,41
IV	5558	67,8	6274	87,0	153,3	153,4	153,4	3,18
V	5238	58,4	6077	81,8	155,3	155,7	155,5	3,20
VI	3633	9,8	4061	24,0	171,8	171,2	171,5	2,91
VII	3890	18,4	4585	40,0	168,0	167,7	167,8	2,96
VIII	4198	28,3	5053	53,7	164,4	164,1	164,2	2,94
IX	4446	35,7	5345	62,0	161,7	161,7	161,7	2,94
X	4699	43,3	5632	69,8	159,3	159,2	159,2	3,03
XI	4920	49,8	5853	76,0	157,7	157,5	157,6	3,20
C_8					176,0	176,4	176,2	

3*

Tabelle 6 (Fortsetzung)
Gemisch: $C_8–C_{10}$, 3,6 Torr

Meß. P. Nr.	Fl.-Konz.		Dampf-Konz.		Siede-Temperatur	$\alpha_{gem.}$
	Sktl.	Mol%	Sktl.	Mol%		
I	3425	85,4	3722	96,2	112,2	4,34
II	3133	74,4	3612	92,2	111,7	4,06
III	2850	63,3	3445	86,1	115,1	3,59
IV	2554	51,2	3247	78,8	118,4	3,55
V	1608	7,6	1854	19,4	128,7	2,93
VI	1755	14,7	2200	35,6	128,6	3,21
VII	2060	29,0	2710	57,5	122,3	3,31
VIII	2205	36,2	2945	67,0	121,3	3,47
IX	2430	46,0	3133	74,4	117,2	3,42

Gemisch: $C_8–C_{10}$, 20 Torr

I	3450	86,3	3735	96,6	141,6	4,51
II	3148	75,0	3594	91,5	144,2	3,59
III	2876	64,3	3457	86,5	146,1	3,56
IV	2626	54,1	3270	79,6	147,8	3,31
V	1618	8,1	1870	20,1	161,2	2,86
VI	1799	16,8	2268	38,8	158,6	3,14
VII	2090	30,5	2709	57,2	154,3	3,05
VIII	2275	39,2	2944	67,0	151,9	3,16
IX	2460	47,3	3153	75,2	150,0	3,38

Gemisch: $C_8–C_{10}$, 100 Torr

I	3458	86,6	3717	96,0	178,8	2,05
II	3153	75,2	3570	90,7	181,5	2,82
III	2869	64,0	3393	84,2	184,1	2,79
IV	2608	53,4	3195	76,8	186,9	2,76
V	1602	7,5	1820	17,7	200,1	2,61
VI	1787	16,2	2198	35,7	197,0	2,65
VII	2088	30,4	2580	52,3	193,0	2,69
VIII	2265	38,7	2844	63,0	190,6	2,72
IX	2465	47,5	3020	70,0	188,0	2,74

Gemisch: $C_{10}–C_{12}$, 3,6 Torr

I	3072	91,1	3199	97,7	130,8	4,14
II	3051	90,1	3160	95,7	131,8	2,45
III	2833	78,7	3210	93,6	132,6	3,40
IV	2737	73,6	3062	90,6	133,7	3,45
V	2519	61,7	2935	83,9	135,3	3,23
VI	2382	54,1	2870	80,6	136,8	3,53
VII	1560	5,2	1731	15,9	149,2	3,46
VIII	1600	7,7	1865	24,1	148,1	3,81
IX	1686	13,2	1924	27,7	146,0	2,55
X	1745	16,8	2190	43,2	145,2	3,77
XI	1902	26,4	2423	56,4	142,0	3,61
XII	2141	40,4	2661	69,5	139,6	3,36

Tabelle 6 (Fortsetzung)
Gemisch: C_{10}–C_{12}, 20 Torr

Meß. P. Nr.	Fl.-Konz.		Dampf-Konz.		Siede-Temperatur	$\alpha_{gem.}$
	Sktl.	Mol%	Sktl.	Mol%		
I	3081	91,9	3207	98,1	164,4	4,55
II	2973	86,0	3164	95,9	165,0	3,81
III	2858	80,0	3120	93,6	166,3	3,66
IV	2753	74,5	3064	90,7	166,5	3,34
V	2573	64,7	2962	85,4	168,9	3,19
VI	2415	56,0	2860	80,1	171,0	3,14
VII	1592	7,2	1796	20,0	183,4	3,22
VIII	1651	11,0	1923	27,7	180,9	3,10
IX	1680	12,8	2020	33,3	180,5	3,40
X	1780	19,0	2194	43,5	179,0	3,28
XI	1950	29,2	2433	56,9	176,4	3,20
XII	2130	39,7	2666	69,8	173,4	3,52

Gemisch: C_{10}–C_{12}, 100 Torr

Meß. P. Nr.	Fl.-Konz.		Dampf-Konz.		Siede-Temperatur	$\alpha_{gem.}$
	Sktl.	Mol%	Sktl.	Mol%		
I	3070	91,0	3190	97,2	203,7	3,43
II	2968	85,7	3149	95,1	204,8	3,25
III	2841	79,1	3124	93,8	205,7	4,00
IV	2744	74,0	3026	88,7	206,4	2,76
V	2563	64,1	2935	83,9	208,6	2,82
VI	2425	56,5	2805	77,2	210,4	2,61
VII	1552	4,6	1767	18,2	224,0	4,61
VIII	1630	9,6	1881	25,1	222,5	3,15
IX	1649	10,9	1975	30,6	221,6	3,65
X	1767	18,1	2139	40,3	219,6	3,06
XI	1935	28,3	2364	53,1	216,7	2,87
XII	2178	42,5	2623	67,4	213,0	2,80

Gemisch: C_{12}–C_{14}, 2,8 Torr

Meß. P. Nr.	Fl.-Konz.		Dampf-Konz.		Siede-Temperatur	$\alpha_{gem.}$
	Sktl.	Mol%	Sktl.	Mol%		
I	2477	92,6	2585	99,8	147,8	4,00
II	2380	86,2	2521	95,6	148,5	3,48
III	2300	80,8	2483	93,0	149,1	3,16
IV	2160	71,2	2415	88,5	151,0	3,11
V	2010	60,7	2335	83,1	152,8	3,18
VI	1268	3,5	1374	12,1	165,6	3,70
VII	1309	6,9	1506	22,8	162,7	3,99
VIII	1348	10,1	1638	33,1	161,0	4,42
IX	1380	12,7	1723	39,6	160,8	4,50
X	1506	22,8	1906	53,2	158,1	3,85
XI	1686	36,8	2081	65,7	157,0	3,29

Gemisch: C_{12}–C_{14}, 10 Torr

Meß. P. Nr.	Fl.-Konz.		Dampf-Konz.		Siede-Temperatur	$\alpha_{gem.}$
	Sktl.	Mol%	Sktl.	Mol%		
I	2484	93,1	2576	98,8	171,7	6,10
II	2394	87,1	2525	95,8	172,0	3,38
III	2314	81,7	2484	93,1	173,2	3,02
IV	2185	72,9	2415	88,5	175,3	2,86
V	2032	62,3	2330	82,8	176,2	2,91
VI	1279	4,3	1380	12,7	189,5	3,24
VII	1313	7,3	1541	25,6	188,3	4,37
VIII	1370	11,9	1651	34,1	186,7	3,83
IX	1401	15,0	1742	41,0	186,0	3,79
X	1550	26,3	1940	55,6	182,6	3,51
XI	1725	39,7	2112	67,9	181,0	3,21

Tabelle 6 (Fortsetzung)
Gemisch: C_{12}–C_{14}, 50 Torr

Meß. P. Nr.	Fl.-Konz.		Dampf-Konz.		Siede-Temperatur	$\alpha_{gem.}$
	Sktl.	Mol%	Sktl.	Mol%		
I	2488	93,3	2558	98,0	209,2	6,24
II	2395	87,2	2518	94,7	210,0	2,62
III	2310	81,5	2478	93,7	210,8	3,38
IV	2185	72,9	2405	87,9	212,7	2,74
V	2044	63,1	2530	84,1	214,0	3,09
VI	1287	5,1	1373	12,1	228,1	2,56
VII	1299	6,0	1541	25,6	226,6	5,40
VIII	1385	13,9	1650	34,0	225,1	3,19
IX	1438	17,3	1715	39,0	224,4	3,05
X	1575	28,3	1924	54,4	221,4	3,02
XI	1714	38,9	2062	61,8	219,5	2,54

Gemisch: C_{14}–C_{16}, 2,8 Torr

Meß. P. Nr.	Fl.-Konz.		Dampf-Konz.		Siede-Temperatur	$\alpha_{gem.}$
	Sktl.	Mol%	Sktl.	Mol%		
I	2314	83,1	2399	91,0	167,7	2,06
II	2220	75,3	2375	89,2	168,9	2,68
III	2119	67,1	2373	88,9	169,5	3,92
IV	2020	58,3	2310	83,6	171,0	3,64
V	1893	46,6	2209	74,9	172,3	3,42
VI	1419	0,0	1561	14,0	183,1	
VII	1483	6,6	1700	28,2	181,1	5,56
VIII	1580	16,4	1971	53,8	177,3	5,14
IX	1752	33,4	2119	67,0	174,8	4,05
X	1828	40,5	2200	74,0	172,8	4,33

Gemisch: C_{14}–C_{16}, 10 Torr

Meß. P. Nr.	Fl.-Konz.		Dampf-Konz.		Siede-Temperatur	$\alpha_{gem.}$
	Sktl.	Mol%	Sktl.	Mol%		
I	2320	84,5	2444	94,8	192,6	3,35
II	2241	77,7	2411	92,1	193,0	3,35
III	2144	69,2	2388	90,3	194,3	4,15
IV	2023	58,6	2298	82,6	195,5	3,35
V	1931	50,2	2221	76,0	197,6	3,15
VI	1434	1,4	1568	15,1	208,3	12,50
VII	1476	5,9	1730	31,2	205,5	7,22
VIII	1662	25,0	1997	60,7	202,4	4,65
IX	1795	37,4	2118	66,1	200,4	3,26
X	1850	42,6	2186	72,9	199,5	3,62

Gemisch: C_{14}–C_{16}, 50 Torr

Meß. P. Nr.	Fl.-Konz.		Dampf-Konz.		Siede-Temperatur	$\alpha_{gem.}$
	Sktl.	Mol%	Sktl.	Mol%		
I	2288	81,8	2430	93,6	231,8	3,25
II	2220	75,8	2399	91,0	232,3	3,24
III	2165	71,0	2344	86,5	233,6	2,57
IV	2015	57,8	2308	83,4	235,0	3,67
V	1923	49,4	2190	73,2	236,9	2,80
VI	1420	0,0	1582	16,6	248,4	
VII	1490	7,4	1712	29,4	245,8	5,21
VIII	1658	24,1	1988	55,3	242,0	3,90
IX	1772	35,3	2111	66,4	240,0	3,62
X	1831	41,0	2196	73,7	239,3	4,04

Fettsäuren besonders bezüglich der Konstanz ihrer Brechungsindices nochmals zu überprüfen. Sie mußten dazu genau den gleichen Bedingungen unterworfen werden, denen sie auch in der Gleichgewichtsapparatur ausgesetzt sind. Die einzelnen reinen Fettsäuren wurden deshalb bei den drei Drucken, unter denen sie auch vermessen worden waren, etwa 1 Std. in der Apparatur destilliert, dann abgekühlt und derselbe Vorgang fünfmal wiederholt. Nach jeder Stunde wurde eine Probe von Flüssigkeit und Destillat entnommen und der Brechungsindex gemessen. In der Abb. 18 und Tab. 7 sind die Ergebnisse aufgetragen. Die linke Skala gibt den Brechungsindex an, die rechte zeigt die Verfälschung der Konzentrationsbestimmung in Prozenten. Man erkennt aus den Abbildungen, daß bereits von C_{10} ab Änderungen im Brechungsindex auftreten, die nicht mehr unberücksichtigt bleiben können. Nur beim Gemisch C_6–C_8 kann angenommen werden, daß keine thermischen Zersetzungen die Meßergebnisse verfälschen.

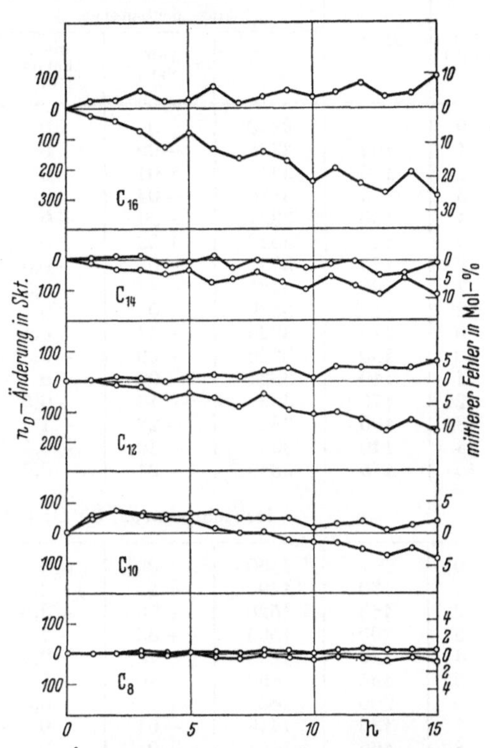

Abb. 18. Temperaturbeständigkeit der Fettsäuren unter den Erhitzungsbedingungen in der Gleichgewichtsapparatur. Änderung der Brechungsindices

Diese Ergebnisse stehen also im Gegensatz zu denen, die bei der Probenerhitzung erhalten wurden. Der Unterschied kann folgende Gründe haben:

1. Die Proben der ersten Temperaturbeständigkeits-Prüfung befanden sich in abgeschmolzenen, evakuierten Gefäßen, während in der Gleichgewichtsapparatur mit ihren vielen Hähnen und Schliffen die Möglichkeit besteht, daß Luftsauerstoff mit der heißen Fettsäure in Berührung kommt,

2. In der Gleichgewichtsapparatur mußte den Fettsäuren Verdampfungswärme zugeführt werden, wobei örtliche Überhitzungen entstehen können; es ist auch möglich, daß die Strahlungswärme, durch die geheizt wurde, Zersetzungsreaktionen besonders begünstigt. Bei der Probenerhitzung hingegen wurde nur die vorgegebene Temperatur eingehalten, ohne daß eine weitere Wärmezufuhr stattfand.

Aus den Untersuchungen über die Desodorierung der Öle und Fette ist bekannt, daß in heiße Fettkörper eintretender Sauerstoff Autoxydation bewirkt.

Tabelle 7. *Temperaturbeständigkeit der Fettsäuren unter den Erhitzungsbedingungen in der Gleichgewichtsapparatur*
Änderung der Brechungsindices
(Angaben in Skalenteilen des Prismas L3).
Meßtemperatur: 30 °C; Fettsäure: C_8

Zeit (Std.)	Siede-Temp.	Flüssigkeitsproben			Destillationsproben		
		Sktl. gem.	Diff. Sktl.	mitt. Fehler Mol%	Sktl. gem.	Diff. Sktl.	mitt. Fehler Mol%
0		3340	0	0	3340	0	0
1	100	3338	− 02	0	3342	+ 02	0
2	140	3341	+ 01	0	3341	− 01	0
3	175	3336	− 04	0	3349	+ 09	+0,5
4	100	3331	− 09	− 0,5	3342	+ 02	0
5	140	3342	+ 02	0	3345	+ 05	0
6	175	3332	− 08	− 0,5	3349	+ 09	+ 0,5
7	100	3325	− 15	− 0,5	3341	+ 01	0
8	140	3339	− 01	0	3353	+ 13	+ 0,5
9	175	3329	− 11	− 0,5	3350	+ 10	+ 0,5
10	100	3320	− 20	− 0,5	3342	+ 02	0
11	140	3334	− 06	0	3352	+ 12	+ 0,5
12	175	3328	− 12	− 0,5	3355	+ 15	+ 0,5
13	100	3318	− 22	− 1	3350	+ 10	+ 0,5
14	140	3330	− 10	− 0,5	3349	+ 09	+ 0,5
15	175	3319	− 21	− 0,5	3355	+ 15	+ 0,5

Meßtemperatur: 35 °C; Fettsäure: C_{10}

Zeit (Std.)	Siede-Temp.	Sktl. gem.	Diff. Sktl.	mitt. Fehler Mol%	Sktl. gem.	Diff. Sktl.	mitt. Fehler Mol%
0		1450	0	0	1450	0	0
1	130	1492	+ 42	+ 2	1501	+ 51	+ 2,5
2	165	1520	+ 70	+ 3,5	1520	+ 70	+ 3,5
3	200	1505	+ 55	+ 2,5	1513	+ 63	+ 3
4	130	1498	+ 48	+ 2,5	1501	+ 51	+ 2,5
5	165	1490	+ 40	+ 2	1510	+ 60	+ 3
6	200	1461	+ 11	+ 0,5	1519	+ 69	+ 3,5
7	130	1449	− 01	0	1494	+ 44	+ 2
8	165	1451	+ 01	0	1496	+ 46	+ 2,5
9	200	1428	− 22	− 1	1495	+ 45	+ 2
10	130	1420	− 30	− 1	1470	+ 20	+ 1
11	165	1417	− 33	− 1,5	1478	+ 28	+ 1,5
12	200	1395	− 55	− 2,5	1485	+ 35	+ 1,5
13	130	1375	− 75	− 3,5	1451	+ 01	0
14	165	1399	− 51	− 2,5	1479	+ 29	+ 1,5
15	200	1365	− 85	− 4	1490	+ 40	+ 2

Meßtemperatur: 50 °C; Fettsäure: C_{12}

Zeit (Std.)	Siede-Temp.	Sktl. gem.	Diff. Sktl.	mitt. Fehler Mol%	Sktl. gem.	Diff. Sktl.	mitt. Fehler Mol%
0		1480	0	0	1480	0	0
1	150	1480	0	0	1480	0	0
2	180	1468	− 12	− 1	1491	+ 11	+ 0,5
3	215	1458	− 22	− 1,5	1488	+ 08	+ 0,5
4	150	1425	− 55	− 3,5	1477	− 03	0
5	180	1440	− 40	− 2,5	1493	+ 13	+ 1
6	215	1422	− 58	− 4	1500	+ 20	+ 1,5
7	150	1396	− 84	− 5,5	1492	+ 12	+ 1,5
8	180	1432	− 48	− 3	1511	+ 31	+ 2

Tabelle 7 (Fortsetzung)
Meßtemperatur: 50 °C; Fettsäure: C_{12}

Zeit (Std.)	Siede-Temp.	Flüssigkeitsproben			Destillatproben		
		Sktl. gem.	Diff. Sktl.	mitt. Fehler Mol%	Sktl. gem.	Diff. Sktl.	mitt. Fehler Mol%
9	215	1381	− 99	− 6,5	1520	+ 40	+ 2,5
10	150	1370	− 110	− 7,5	1490	+ 10	+ 0,5
11	180	1379	− 101	− 7	1523·	+ 43	+ 3
12	215	1353	− 127	− 8,5	1522	+ 42	+ 3
13	150	1318	− 162	− 10,5	1520	+ 40	+ 2,5
14	180	1350	− 130	− 8,5	1521	+ 41	+ 2,5
15	215	1317	− 163	− 11	1549	+ 69	+ 4,5

Meßtemperatur: 60 °C; Fettsäure: C_{14}

Zeit (Std.)	Siede-Temp.	Sktl. gem.	Diff. Sktl.	mitt. Fehler Mol%	Sktl. gem.	Diff. Sktl.	mitt. Fehler Mol%
0		1228	0	0	1228	0	0
1	165	1215	− 13	− 1	1233	+ 05	+ 0,5
2	190	1198	− 30	− 2,5	1238	+ 10	+ 1
3	230	1196	− 32	− 2,5	1239	+ 11	+ 1
4	165	1178	− 50	− 4	1216	− 12	− 1
5	190	1189	− 39	− 3	1222	− 06	− 0,5
6	230	1157	− 71	− 5,5	1241	+ 13	+ 1
7	165	1163	− 65	− 5	1205	− 23	− 2
8	190	1186	− 42	− 3,5	1228	0	0
9	230	1155	− 73	− 6	1218	− 10	− 1
10	165	1130	− 98	− 8	1199	− 29	− 2,5
11	190	1171	− 57	− 4,5	1214	− 14	− 1
12	230	1142	− 86	− 7	1228	0	0
13	165	1116	− 112	− 9	1176	− 52	− 4
14	190	1168	− 60	− 5	1184	− 44	− 3,5
15	230	1113	− 115	− 9	1215	− 13	− 1

Meßtemperatur: 70 °C; Fettsäure: C_{16}

Zeit (Std.)	Siede-Temp.	Sktl. gem.	Diff. Sktl.	mitt. Fehler Mol%	Sktl. gem.	Diff. Sktl.	mitt. Fehler Mol%
0		1420	0	0	1420	0	0
1	185	1398	− 28	− 2,5	1440	+ 20	+ 2
2	210	1380	− 40	− 3,5	1448	+ 28	+ 2,5
3	250	1341	− 79	− 7	1473	+ 53	+ 4,5
4	185	1294	− 126	− 11	1442	+ 22	+ 2
5	210	1340	− 80	− 7	1447	+ 27	+ 2,5
6	250	1287	− 133	− 12	1487	+ 67	+ 6
7	185	1259	− 161	− 14	1438	+ 18	+ 1,5
8	210	1275	− 145	− 13	1457	+ 37	+ 3,5
9	250	1246	− 174	− 15,5	1477	+ 57	+ 5
10	185	1182	− 238	− 21	1457	+ 37	+ 3,5
11	210	1220	− 200	− 18	1470	+ 50	+ 4,5
12	250	1174	− 246	− 22	1501	+ 81	+ 7
13	185	1140	− 280	− 25	1457	+ 37	+ 3,5
14	210	1207	− 213	− 19	1466	+ 46	+ 4
15	250	1130	− 290	− 26	1513	+ 93	+ 8

Nach den Beobachtungen von PIETRZYK [93] ist bei ungesättigten Fettsäuren − selbst bei niedrigen Temperaturen − in Gegenwart von Luft mit einer Autoxydation zu rechnen.

An Stelle der Brechungsindex-Bestimmung sollte nun die Titration als Analysenverfahren herangezogen werden. Auch hierbei ist eine sehr große Genauigkeit erforderlich, da die Molekulargewichte der benachbarten, geradzahligen Fettsäuren sich nur um etwa 10—15% unterscheiden. Praktisch wird aus der Titration ein mittleres Molekulargewicht errechnet, aus dem sich die Konzentration bestimmen läßt. Soll die Konzentration auf 2% genau sein, so darf die Fehlergrenze bei der Titration 0,3% der umgesetzten Säuremenge nicht übersteigen.

Die angestellten Vorversuche zeigten jedoch keine zufriedenstellenden Ergebnisse. Zur Beobachtung der Titration wurde ein p_H-Meßgerät des Types *Radiometer* (Kopenhagen) verwendet. Eingesetzt wurden etwa 400 mg C_{12} (0,002 Mol) und mit $n/10$ KOH titriert. Um ein vergleichbares Bild zu erhalten, wurde von den verschiedenen Titrationen das Verhältnis Mol KOH/Mol Fettsäure gegen den p_H-Wert aufgetragen (Abb. 19 und Tab. 8). Auf der Ordinate *1* (Äquivalent zwischen Lauge und Säure) hätte nun immer der gleiche p_H-Wert abgelesen werden müssen. Falls der Titer der Lauge nicht genau stimmte, mußte zumindest bei einem entsprechenden Faktor ein konstanter p_H-Wert zu beobachten sein, d.h. die Kurven hätten sich alle in einem Punkt schneiden müssen, der dann Faktor und Umschlagspunkt angibt. Aus den Abbildungen ist ersichtlich, daß dies nicht der Fall war, und daß die Abweichungen vom Mittelwert etwa 0,3% betrugen. Diese Genauigkeit ist zwar normalerweise als gut anzusehen, doch reicht sie hier nicht aus. Wenn bereits unter den günstigsten Bedingungen (reine Substanz, daher genau bekanntes Molekulargewicht und nicht durch Hitzeeinwirkung verändertes Material) die äußerste zulässige Streugrenze erreicht ist, so wird sie erfah-

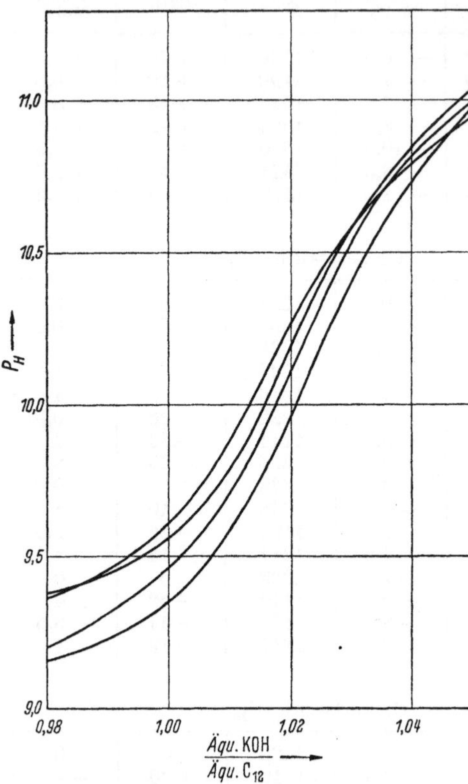

Abb. 19. Titrationskurven. Fettsäure C_{12} titriert gegen $n/10$ KOH bei 40 °C

Tabelle 8. *Verlauf der Titrationen der Fettsäure* C_{12}
(Einwaage bei jedem Versuch 802,3 mg = 0,0040 Mol titriert mit $n/10$ KOH;
$F = 1,000$)

cm³	$\dfrac{\text{Äq KOH}}{\text{Äq } C_{12}}$	pH			
		1. Titr.	2. Titr.	3. Titr.	4. Titr.
39,2	0,980	9,36	9,16	9,38	9,20
39,4	0,985	9,41	9,20	9,41	9,26
39,6	0,990	9,46	9,23	9,45	9,32
39,8	0,995	9,53	9,29	9,50	9,38
40,0	1,000	9,60	9,35	9,56	9,46
40,2	1,005	9,72	9,44	9,65	9,57
40,4	1,010	9,88	9,58	9,78	9,70
40,6	1,015	10,08	9,76	9,97	9,88
40,8	1,020	10,27	9,97	10,20	10,10
41,0	1,025	10,44	10,19	10,40	10,34
41,2	1,030	10,52	10,40	10,58	10,54
41,4	1,035	10,71	10,60	10,74	10,70
41,6	1,040	10,80	10,75	10,86	10,83
41,8	1,045	10,88	10,88	10,96	10,93
42,0	1,050	10,96	10,99	11,05	11,02

rungsgemäß beim Vermessen von Gemischproben noch überschritten. Aus diesem Grunde wurde die Titration als Analysenmethode für die Konzentrationsbestimmung aufgegeben und versucht, mit Hilfe des Schmelz- und Erstarrungspunktes zum Ziel zu gelangen.

Die Schmelz- bzw. Erstarrungspunkte werden häufig zur Konzentrationsbestimmung von Gemischen, auch von Fettsäuren, herangezogen [58, 60, 61]. Der Schmelzpunkt einer Mischung ist eine genau definierte Temperatur, sofern beim Erwärmen der Punkt bestimmt wird, bei dem die feste Phase verschwindet. Voraussetzung ist dabei eine genügend langsame Erwärmung, damit das Gleichgewicht zwischen fester und flüssiger Phase gewährleistet bleibt und das Thermometer immer die gleiche Temperatur wie die Probe zeigt.

Im Gegensatz zum Schmelzpunkt ist der Erstarrungspunkt keine genau definierte Temperatur, sondern von den Versuchsbedingungen abhängig. Wird ein Gemisch abgekühlt, so tritt zunächst Unterkühlung ein; bei einsetzender Kristallisation steigt die Temperatur etwas an, durchläuft ein Maximum und fällt dann endgültig ab. Das erreichte Maximum wird als Erstarrungspunkt gewertet. An Stelle des Maximums tritt oft auch nur ein Haltepunkt in der Temperatur-Zeit-Kurve ein, oder es zeigt sich ein Abschnitt geringeren Temperaturabfalles. Im letzteren Fall wird die Temperatur am Ende dieses Abschnittes als Erstarrungspunkt angesehen. Um gut reproduzierbare Werte zu bekommen, müssen die Versuchsbedingungen sorgfältig konstant gehalten werden. Dies bezieht sich vor allem auf die Abkühlungsgeschwindigkeit, die ihrerseits wieder abhängig ist von der Temperaturdifferenz zur Umgebung, der Wärmedurchgangszahl und der Probenmenge. Da bei den durchgeführten Messungen nur eine Probenmenge von jeweils etwa 1 cm³ zur Verfügung stand, mußte der Wärmeübergang möglichst gering gehalten werden. Die Abkühlungsgeschwindigkeit wurde so eingeregelt, daß der Erstarrungsvorgang etwa 20 min in Anspruch nahm. Man erhielt dann bei den mei-

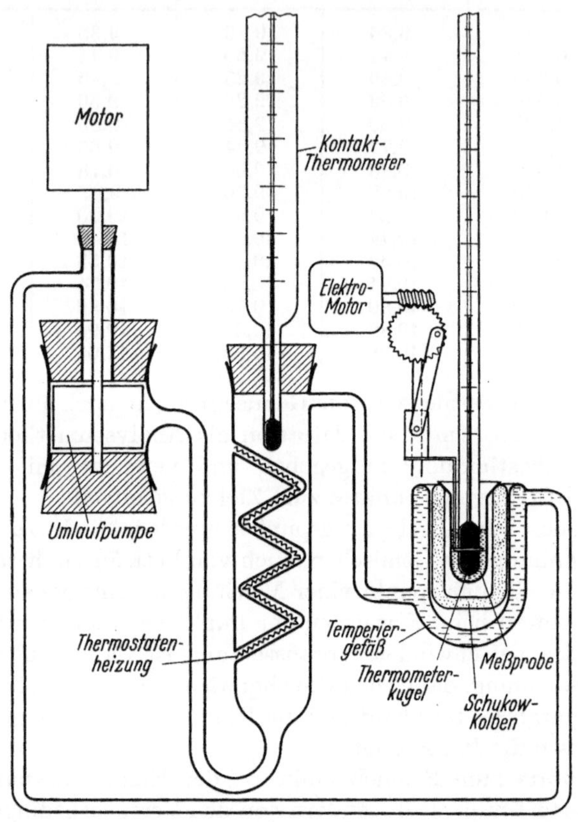

Abb. 20. Apparatur zur Bestimmung des Erstarrungspunktes

sten Messungen noch ein genügend scharfes Maximum und auch der thermischen Trägheit des Thermometers war Rechnung getragen. Da der Wärmeübergang und die Probenmenge durch die Apparatur festgelegt waren, konnte nur die Temperaturdifferenz zur Umgebung variiert werden, um die gewünschte Abkühlungsgeschwindigkeit zu erhalten. Die *Umgebung* war bei den hier vorgenommenen Messungen ein Temperiergefäß.

Die Einzelheiten der verwendeten Apparatur sind aus Abb. 20 ersichtlich. Ein Temperiergefäß wurde mittels eines selbstgebauten Umlaufthermostaten auf konstante Temperatur eingestellt. Dieser Thermostat bestand aus einer Umlaufpumpe und einer Heizung, die über ein Kontaktthermometer geregelt wurde. In das Temperiergefäß wurde ein Schukow-Kolben eingesetzt, der seinerseits wieder das Probegefäß aufnahm. Auf diese Weise wurde eine sehr gute Isolationswirkung erzielt. Selbst bei dem sehr kleinen Wärmeinhalt der zu vermessenden Proben war noch ein genügend langsamer Temperaturabfall gewährleistet. Der innere Radius des Probengefäßes war um etwa 2 mm größer als der der Quecksilberkugel des Thermometers. Dadurch konnte bereits bei einer Probenmenge von 1 cm³ die Thermometerkugel ganz in die Probe eintauchen. Da die Messungen sehr genau sein sollten, mußte für eine gute Gleichgewichtseinstellung zwischen der festen und der flüssigen Phase gesorgt werden. Zu diesem Zweck war ein Rührer vorgesehen, der in Form eines Metallringes aus Chrom-Nickel-Material in der Probe auf und nieder bewegt wurde. Als Antrieb diente ein kleiner Elektromotor. Seine Tourenzahl wurde über ein Schneckengetriebe auf 100 U/min untersetzt. An der Achse war ein Exzenter mit Pleuel angebracht. Bei der Bestimmung des Erstarrungspunktes wurde die Temperatur des Thermostaten 10 °C tiefer, bei der des Schmelzpunktes 10 °C höher als der Schmelzpunkt des Gemisches eingestellt. Die Reproduzierbarkeit der Erstarrungspunkte betrug ±0,05 °C, die der Schmelzpunkte ±0,2 °C.

Zur Eichung wurden sowohl Schmelz- als auch Erstarrungspunktkurven aufgenommen. Da für

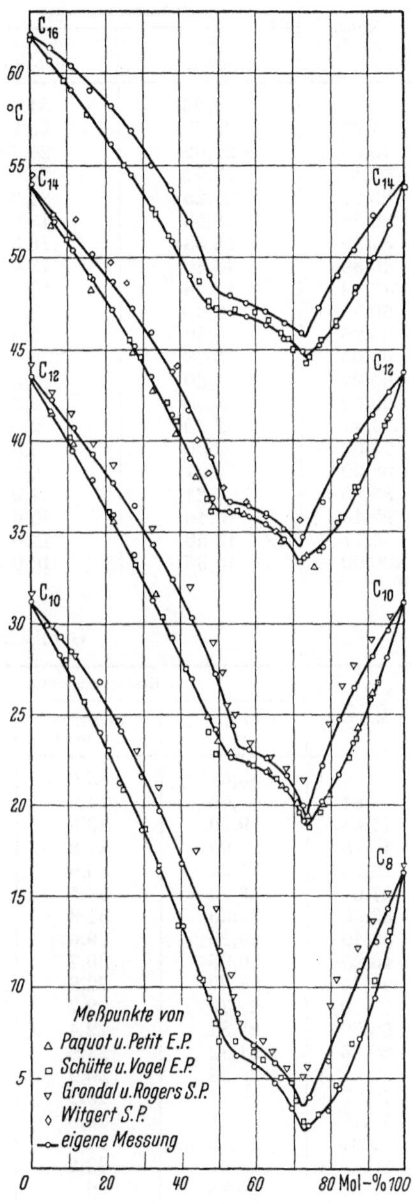

Abb. 21. Fettsäuregemische. Kurven der Schmelz- und Erstarrungspunkte

Tabelle 9. *Fettsäuregemische. Erstarrungspunkte und Schmelzpunkte*
Eigene Meßwerte und Vergleich mit denen anderer Autoren
Gemisch: C_8–C_{10}

Konz. Mol%	Erstarrungspunkte		Schmelzpunkte	
	eig. Mess.	SCHÜTTE u. VOGEL	eig. Mess.	GRONDAL u. ROGERS
0	31,20	31,6	31,20	31,6
7,66	28,23	28,6	29,25	29,4
10,63	27,02	27,4	28,40	28,5
18,17	23,94	24,2	25,75	26,3
23,97	21,25	21,6	24,05	24,5
29,79	18,59	18,9	21,55	22,6
34,29	16,33	16,3	19,60	21,0
40,39	13,36	13,4	16,80	18,7
45,13	10,46	10,8	14,40	16,8
50,53	8,65	7,0	12,00	13,6
55,25	6,30	6,9	8,50	8,2
60,05	5,68	6,4	6,80	7,5
65,27	4,80	5,5	5,90	6,3
69,69	3,35	4,3	4,70	5,3
74,44	2,50	2,6	4,00	5,9
79,52	3,30	3,6	6,00	8,7
82,99	4,67	5,1	8,20	10,5
87,80	7,21	7,9	10,90	12,6
92,13	9,46	10,6	12,50	14,2
95,77	12,56	12,9	14,30	15,3
100,00	16,35	16,05	16,40	16,7

Gemisch: C_{10}–C_{12}

Konz. Mol%	Erstarrungspunkt			Schmelzpunkt	
	eig. Mess.	SCHÜTTE u. VOGEL	PAQUOT u. PETIT	eig. Mess.	GRONTAL u. ROGERS
0	43,61	43,6	43,3	43,70	44,2
5,81	41,66	41,6	41,6	42,25	42,8
11,41	39,59	39,6	39,6	40,75	41,3
16,75	37,95	37,8	37,8	32,25	40,0
22,20	35,92	35,6	35,6	37,70	38,5
27,64	33,80	33,5	33,7	36,40	37,0
33,00	31,35	31,3	31,7	34,30	35,4
38,16	29,29	29,0	29,4	32,40	33,7
43,25	26,96	26,7	27,0	30,30	31,8
49,44	24,20	22,8	23,8	27,20	28,8
53,60	22,70	22,7	22,9	24,40	24,2
58,50	22,34	22,4	22,5	23,10	23,5
63,26	21,82	21,9	22,9	22,60	22,8
68,12	20,93	20,9	21,0	21,70	22,0
72,92	19,11	19,2	19,6	20,00	21,8
77,70	20,13	19,9	20,1	22,20	24,5
82,24	21,79	21,6	21,6	25,20	26,3
86,42	23,61	23,2	23,3	26,50	27,7
91,32	25,98	25,7	26,1	28,25	29,3
95,52	28,20	28,1	28,6	29,55	30,4
100,00	31,20	31,6	31,2	31,20	31,6

Tabelle 9 (Fortsetzung)
Gemisch: C_{12}–C_{14}

Konz. Mol%	Erstarungspunkt			Schmelzpunkt	
	eig. Mess.	SCHÜTTE u. VOGEL	PAQUOT u. PETIT	eig. Mess.	WITGERT
0	54,05	53,7	53,4	54,15	54,5
6,23	52,00	51,9	51,6	52,35	53,2
11,14	50,50	50,5	50,1	51,20	52,1
16,64	48,88	48,9	48,4	50,20	50,8
21,63	47,23	47,4	46,9	48,75	49,7
27,32	45,27	45,3	44,9	47,30	48,1
32,30	43,52	43,6	43,2	46,00	46,5
37,63	41,50	41,8	41,0	43,90	44,5
42,74	39,10	39,6	38,9	41,60	41,0
48,30	36,87	36,3	36,6	39,10	37,8
53,30	36,18	36,2	36,1	36,70	37,3
58,40	35,90	35,9	35,9	36,45	36,5
63,10	35,49	35,4	35,2	36,05	35,9
67,53	34,61	34,6	34,5	35,19	35,6
72,72	33,60	33,4	33,6	34,85	35,8
77,69	34,24	34,2	33,9	36,70	38,3
82,36	35,60	35,2	35,2	38,90	40,0
87,23	37,47	37,4	37,4	40,20	41,1
91,36	39,18	39,1	39,1	41,45	42,1
95,96	41,36	41,4	41,4	42,65	43,4
100,00	43,61	43,6	43,3	43,70	44,4

Gemisch: C_{14}–C_{16}

Konz. Mol%	Erstarungspunkte		Schmelzpunkte
	eig. Mess.	SCHÜTTE u. VOGEL	eig. Mess.
0	62,20	61,8	62,25
5,66	60,65	60,5	61,40
11,06	59,18	59,1	60,40
16,77	57,56	57,6	59,10
21,82	56,18	56,1	58,20
27,32	54,47	54,4	56,90
32,68	52,75	52,8	55,00
37,81	50,99	51,2	53,70
42,75	49,01	49,5	52,00
47,78	47,48	47,8	49,10
53,33	47,01	47,3	47,90
57,92	46,81	47,1	47,50
63,10	46,30	46,7	47,10
67,67	45,57	45,8	46,45
72,64	44,90	44,4	45,90
77,14	45,28	45,2	47,30
81,78	46,34	46,6	49,00
86,46	48,08	48,2	50,40
91,35	49,95	49,9	52,30
95,71	51,80	51,8	53,00
100,00	54,05	53,7	54,15

die Messungen der Proben das gleiche Thermometer verwendet wurde wie für die Eichmessungen, konnte auf Thermometereichung und Fadenkorrektur verzichtet werden. Die Kurven sind in Abb. 21 und Tab. 9

dargestellt; zum Vergleich sind die Meßergebnisse anderer Autoren [58–61] mit eingetragen. Für die Erstarrungspunkte ist die Übereinstimmung als sehr gut zu bezeichnen. Die Schmelzpunkte dagegen zeigen eine systematische Abweichung; die Messungen anderer Autoren liegen höher als die eigenen. Das kann an der Wirkungsweise der hier verwendeten Apparatur liegen, die in erster Linie für die Messung genauer Erstarrungspunkte entworfen worden war. Bei der Erstarrungspunktmessung fiel die Temperatur gleichmäßig und langsam, so daß eine Übereinstimmung zwischen den Temperaturen von Probe und Thermometerkugel gewährleistet war. Bei der Schmelzpunktmessung hingegen stieg die Temperatur zunächst außerordentlich langsam, gegen Ende des Schmelzvorganges jedoch immer schneller, so daß beim Schmelzpunkt nicht selten eine Temperaturerhöhung um $^1/_{10}$ °C in wenigen Sekunden beobachtet wurde. Bei so schneller Temperaturänderung sind die abgelesenen Werte wegen der thermischen Trägheit des Thermometers nicht mehr einwandfrei. Auch das Gleichgewicht zwischen fester und flüssiger Phase ist unter diesen Umständen in Frage gestellt. Wird die Übertemperatur des Thermostaten verringert, um einen langsameren Temperaturanstieg beim Schmelzen zu erreichen, dann braucht man für den ersten Temperaturanstieg so lange Zeit, daß die Methode für Reihenmessungen ausscheidet. Es ist für Schmelzpunktmessungen zweifellos günstiger, mit gutem Wärmeübergang zu arbeiten und die Badtemperatur entsprechend langsam zu erhöhen.

Für die Konzentrationsbestimmungen wurde nur der Erstarrungspunkt gemessen, da dieses Verfahren weniger Zeit erfordert und genauer ist. Zunächst wurde festgestellt, um wieviel sich der Erstarrungspunkt der reinen Substanz erniedrigt hatte, die zur Temperaturbeständigkeitsprüfung in der Gleichgewichtsapparatur destilliert worden war. Die Er-

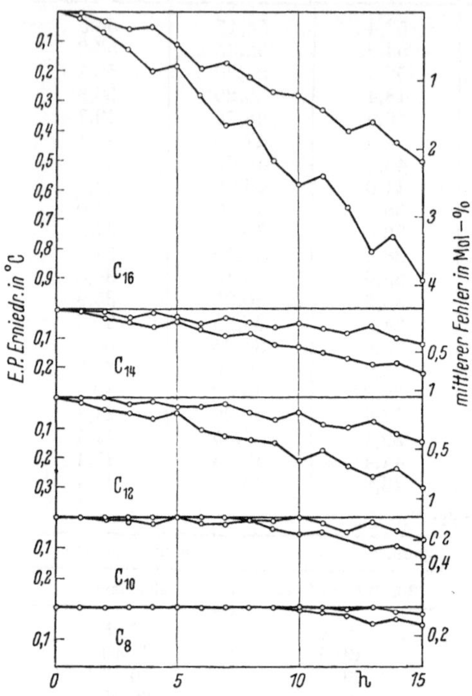

Abb. 22. Temperaturbeständigkeit der Fettsäuren unter den Erhitzungsbedingungen in der Gleichgewichtsapparatur. Änderung der Erstarrungspunkte

gebnisse sind in Abb. 22 und Tab. 10 dargestellt. Aus ihnen ist ersichtlich, daß die Verfälschung der Konzentrationsbestimmungen durch das Erhitzen der Fettsäuren bei Verwendung des Erstarrungspunktes viel geringer ist als bei Verwendung des Brechungsindex (Abb. 18). Allerdings ist die Neigung der Erstarrungspunkt-Konzentrationskurve nicht gleichmäßig; im Bereich zwischen 50 und 60% täuscht ein bestimmter Fehler im Erstarrungspunkt erheblich größere Konzentrationsänderungen vor als in den anderen Bereichen.

Tabelle 10. *Temperaturbeständigkeit der Fettsäuren unter den Erhitzungsbedingungen in der Gleichgewichtsapparatur*

Änderung der Erstarrungspunkte

Fettsäure: C_{10}

Zeit (Std.)	Siede-Temp.	Flüssigkeitsproben			Destillatproben		
		E.P. gem.	Diff. E.P.	mitt. Fehler Mol%	E.P. gem.	Diff. E.P.	mitt. Fehler Mol%
0		31,20	0	0	31,20	0	0
1	130	31,20	0	0	31,20	0	0
2	165	31,19	− 0,01	0	31,20	0	0
3	200	31,19	− 0,01	0	31,20	0	0
4	130	31,18	− 0,02	0	31,20	0	0
5	165	31,20	0	0	31,20	0	0
6	200	31,18	− 0,02	0	31,20	0	0
7	130	31,18	− 0,02	0	31,20	0	0
8	165	31,19	− 0,01	0	31,19	− 0,01	0
9	200	31,16	− 0,04	0	31,19	− 0,01	0
10	130	31,14	− 0,06	0	31,20	0	0
11	165	31,15	− 0,05	0	31,18	− 0,02	0
12	200	31,12	− 0,08	0	31,15	− 0,05	0
13	130	31,09	− 0,11	0,5	31,18	− 0,02	0
14	165	31,10	− 0,10	0,5	31,15	− 0,05	0
15	200	31,06	− 0,14	0,5	31,12	− 0,08	0

Fettsäure: C_{12}

Zeit (Std.)	Siede-Temp.	E.P. gem.	Diff. E.P.	mitt. Fehler Mol%	E.P. gem.	Diff. E.P.	mitt. Fehler Mol%
0		43,61	0	0	43,61	0	0
1	150	43,60	− 0,01	0	43,61	0	0
2	180	43,57	− 0,04	0	43,61	0	0
3	215	43,56	− 0,05	0	43,59	− 0,02	0
4	150	43,53	− 0,08	0	43,60	− 0,01	0
5	180	43,56	− 0,05	0	43,58	− 0,03	0
6	215	43,50	− 0,11	0,5	43,58	− 0,03	0
7	150	43,48	− 0,13	0,5	43,59	− 0,02	0
8	180	43,57	− 0,14	0,5	43,56	− 0,05	0
9	215	43,46	− 0,15	0,5	43,54	− 0,07	0
10	150	43,40	− 0,21	0,5	43,56	− 0,05	0
11	180	43,43	− 0,18	0,5	43,52	− 0,09	0,5
12	215	43,38	− 0,23	0,5	43,51	− 0,10	0,5
13	150	43,34	− 0,27	1	43,53	− 0,08	0,5
14	180	43,37	− 0,24	0,5	43,49	− 0,12	0,5
15	215	43,31	− 0,30	1	43,46	− 0,15	0,5

Tabelle 10 (Fortsetzung)
Fettsäure: C_{14}

Zeit (Std.)	Siede-Temp.	Flüssigkeitsproben			Destillatproben		
		E.P. gem.	Diff. E.P.	mitt. Fehler Mol%	E.P. gem.	Diff. E.P.	mitt. Fehler Mol%
0		54,05	0	0	54,05	0	0
1	165	54,04	− 0,01	0	54,05	0	0
2	190	54,02	− 0,03	0	54,04	− 0,01	0
3	230	54,01	− 0,04	0	54,02	− 0,03	0
4	165	53,99	− 0,06	0	54,04	− 0,01	0
5	190	54,01	− 0,04	0	54,02	− 0,03	0
6	230	53,98	− 0,07	0	54,00	− 0,05	0
7	165	53,96	− 0,09	0,5	54,02	− 0,03	0
8	190	53,97	− 0,08	0,5	54,00	− 0,05	0
9	230	53,93	− 0,12	0,5	53,99	− 0,06	0
10	165	53,92	− 0,13	0,5	54,00	− 0,05	0
11	190	53,90	− 0,15	0,5	53,98	− 0,07	0
12	230	53,88	− 0,17	0,5	53,97	− 0,08	0,5
13	165	53,86	− 0,19	0,5	53,99	− 0,06	0
14	190	53,87	− 0,18	0,5	53,95	− 0,10	0,5
15	230	53,83	− 0,22	1	53,93	− 0,12	0,5

Fettsäure: C_{16}

Zeit (Std.)	Siede-Temp.	E.P. gem.	Diff. E.P.	mitt. Fehler Mol%	E.P. gem.	Diff. E.P.	mitt. Fehler Mol%
0		62,20	0	0	62,20	0	0
1	185	62,18	− 0,02	0	62,19	− 0,01	0
2	210	62,12	− 0,08	0,5	62,17	− 0,03	0
3	250	62,07	− 0,13	0,5	62,14	− 0,06	0,5
4	185	62,00	− 0,20	1	62,15	− 0,05	0
5	210	62,02	− 0,18	1	62,09	− 0,11	0,5
6	250	61,92	− 0,28	1	62,01	− 0,19	1
7	185	61,82	− 0,38	1,5	62,03	− 0,17	0,5
8	210	61,83	− 0,37	1,5	61,98	− 0,22	1
9	250	61,70	− 0,50	2	61,93	− 0,27	1
10	185	61,62	− 0,58	2,5	61,92	− 0,28	1
11	210	61,65	− 0,55	2,5	61,87	− 0,33	1,5
12	250	61,54	− 0,66	3	61,80	− 0,40	1,5
13	185	61,39	− 0,81	3,5	61,83	− 0,37	1,5
14	210	61,44	− 0,76	3	61,76	− 0,44	2
15	250	61,30	− 0,90	4	61,70	− 0,50	2

Nach Möglichkeit sollten jedoch auch diese Fehler durch entsprechende Korrekturen vermindert werden. Dazu war es wichtig zu wissen, wie sich die Erstarrungspunkte eines Gemisches ändern, wenn Zersetzungsprodukte zugegen sind. Deshalb wurden die in der Gleichgewichtsapparatur erhitzten reinen Substanzen, deren Erstarrungspunktänderung gemessen war, in verschiedenen Verhältnissen gemischt und die Erstarrungspunkte dieser Gemische gemessen. Beim Vergleich mit der Eichkurve der reinen Substanzen stellte sich heraus, daß die Erstarrungspunkte alle erniedrigt worden waren, und daß sich die Erniedrigungen ungefähr aus den Werten der reinen Substanzen nach der Mischungsregel berechnen lassen (Tab. 11). Daraufhin wurden für alle Gemische Korrekturtabellen (Tab. 12) aufgestellt und die gemessenen Erstarrungspunkte entsprechend korrigiert.

Tabelle 11. *Erniedrigung der Erstarrungspunkte von Mischungen aus Fettsäuren, die infolge Erhitzung Zersetzungsprodukte enthalten*

Nach der Mischungsregel berechnete Werte im Vergleich mit Meßwerten
Gemisch: C_{14}–C_{16}

Verwendete Substanzen:

C_{14}

Erstarrungspunkt: 54,05 °C

Erstarrungspunkterniedrigung: 0,22 °C

C_{16}

Erstarrungspunkt: 61,30 °C

Erstarrungspunkterniedrigung: 0,90 °C

In der Tabelle haben die Spalten folgende Bedeutung:

1. Molenbruch C_{14}.
2. Produkt aus Erstarrungspunkterniedrigung und Molenbruch für C_{14}.
3. Molenbruch C_{16}.
4. Produkt aus Erstarrungspunkterniedrigung und Molenbruch für C_{16}.
5. Nach der Mischungsregel berechnete Erstarrungspunkterniedrigung (Summe von 2. und 4.).
6. Erstarrungspunkt des Gemisches bei Abwesenheit von Zersetzungsprodukten.
7. Berechneter Erstarrungspunkt für das Gemisch aus erhitzten Fettsäuren (Differenz von 6. und 5.).
8. Gemessener Erstarrungspunkt.
9. Differenz zwischen gemessenem und berechnetem Erstarrungspunkt.

1	2	3	4	5	6	7	8	9
21,2	0,05	78,8	0,71	0,76	56,40	55,64	55,76	+ 0,11
42,7	0,09	57,3	0,52	0,61	48,95	48,34	48,25	− 0,09
58,5	0,13	41,5	0,37	0,50	46,75	46,25	46,32	+ 0,07
81,7	0,18	18,3	0,16	0,34	46,40	46,60	45,95	− 0,11

Tabelle 12. *Korrekturen der gemessenen Erstarrungspunkte auf Grund der Temperaturbeständigkeitsprüfung in der Gleichgewichtsapparatur*

Meß. P. Nr.	C_{10}–C_{12}		C_{12}–C_{14}		C_{14}–C_{16}	
	Fl.	Dest.	Fl.	Dest.	Fl.	Dest.
I	0,00	0,00	0,00	0,00	0,10	0,05
II	0,05	0,00	0,05	0,00	0,15	0,05
III	0,10	0,05	0,10	0,05	0,20	0,10
IV	0,15	0,05	0,15	0,05	0,25	0,10
V	0,20	0,10	0,20	0,10	0,30	0,15
VI	0,25	0,10	0,00	0,00	0,20	0,10
VII	0,00	0,00	0,05	0,00	0,30	0,10
VIII	0,05	0,00	0,10	0,05	0,40	0,15
IX	0,10	0,05	0,15	0,05	0,50	0,15
X	0,15	0,05	0,20	0,10	0,60	0,20
XI	0,20	0,10	0,25	0,10		
XII	0,25	0,10				

V. Die Gleichgewichtsmessung

a) Übersicht über Konstruktionsprinzipien und Fehlerquellen bisher verwendeter Gleichgewichtsapparaturen

Für die Vermessung der Phasengleichgewichte sollte eine Apparatur zum Einsatz kommen, bei der möglichst alle bisher gesammelten und veröffentlichten Erfahrungen berücksichtigt waren. Einen guten Überblick über den Entwicklungsstand vermitteln die mehr oder weniger ausführlichen Darstellungen von RECHENBERG [1], YOUNG [2], GILLILAND [4], HÁLA [7], SCHÄFER u. STAGE [95] sowie FOWLER [96]. Beim Studium der Literatur ergaben sich eine Reihe bemerkenswerter Tatsachen:

1. Die meisten Autoren haben für ihre Gleichgewichtsmessungen neue Apparaturen entworfen oder zumindest an alten Verbesserungen angebracht. Das bedeutet, daß sich noch keine Konstruktion durchgesetzt oder allgemeine Anerkennung gefunden hat.

2. Die Änderungen bzw. Neukonstruktionen werden damit begründet, daß die alten Apparaturen Fehler enthielten, die zu falschen Meßergebnissen führten. Diese Fehler sind fast alle durch gedankliche Überlegung (Spekulation) festgestellt, aber nur selten durch experimentelle Messungen nachgewiesen worden.

3. Die Notwendigkeit, Fehler zu beseitigen, ergibt sich jedoch aus der Tatsache, daß Meßwerte verschiedener Autoren für gleiche Gemische nur selten übereinstimmen.

[Vgl. z.B. Wasser/Pyridin bei 1 Atm [97–98], Diäthyläther/Tetrachlorkohlenstoff bei 1 Atm [99–100], Methyl-äthyl-keton/Wasser bei 1 Atm [101–102], Aceton/Benzol [103–104], Äthanol/Wasser (Abb. 41)]. Aus dem vorliegenden Material ist es offenbar nicht möglich, zu entscheiden, welche Fehler unter welchen Bedingungen Meßergebnisse verfälschen und welche nicht. Es muß also versucht werden, alle einmal erkannten Fehlermöglichkeiten auszuschalten.

Im folgenden sollen die Fehlerquellen an Gleichgewichtsapparaturen und ihre Beseitigung diskutiert werden.

1. Bereits bei der Bildung des Dampfes ist es möglich, daß dieser nicht die richtige Gleichgewichtszusammensetzung zur Flüssigkeit hat [105]. Besonders wenn er sich an überhitzten Wänden entwickelt und Siedeverzug eintritt, besteht die Gefahr, daß eine kleine Menge Flüssigkeitsgemisch vollständig verdampft und so der Dampf einen zu geringen Gehalt an Leichtsiedendem bekommt [106]. (Diese und alle folgenden Angaben über Gehalt, Konzentratien usw. beziehen sich stets auf die leichter siedende Komponente.)

2. Nachdem der Dampf die Flüssigkeit verlassen hat, entsteht die wichtigste Fehlerquelle, der auch die meiste Aufmerksamkeit gewidmet

wurde. Der Dampf kondensiert sich teilweise an der Außenwand, das Kondensat läuft herab und tritt dabei in Austausch mit dem aufsteigenden Dampf. Die Folge davon ist eine Rektifikationswirkung, durch welche die Dampfkonzentration zu hoch wird.

3. Auch durch das Mitreißen von Tröpfchen entstehen Fehler. Bleiben sie im Dampf, so werden sie nebelförmig mitgeführt. Gelangen sie an eine zum Schutz gegen Rektifikation überhitzte Wand, so werden sie vollständig verdampft [103, 105]. In beiden Fällen hat die Kondensatprobe zu geringe Konzentration [107, 108].

4. Weiterhin ist ein Fehler bei der Kondensation zu befürchten, wenn diese an einem Rückflußkühler stattfindet [103, 109–117]. Hier ergibt sich ebenfalls ein Austauscheffekt zwischen den aufsteigenden Dämpfen und dem herabfließenden Kondensat, der auch noch in der Leitung des abfließenden heißen Kondensates möglich ist. Im Endergebnis kann zwar das abfließende Kondensat keine andere Zusammensetzung haben als der zuströmende Dampf, jedoch bildet sich im Kühler bzw. in der Abflußleitung ein Konzentrationsgefälle aus, das bei jeder Änderung der Destillationsgeschwindigkeit eine Änderung der Destillatkonzentration hervorruft. Ganz besonders macht sich dies bemerkbar, wenn die Destillatprobe nach Abstellen der Apparatur entnommen wird [118]. Die Analyse ergibt dann zu hohe Werte [119, 120].

5. Eine weitere Fehlermöglichkeit entsteht bei der Rückführung des Kondensates in das Siedegefäß. Hier soll nun sofort eine vollständig vermischte Flüssigkeit entstehen, die einen Dampf aussendet, der ihrer durchschnittlichen Zusammensetzung entspricht. Tatsächlich wird sich – besonders bei hohen Destillationsgeschwindigkeiten – ein Konzentrationsgefälle einstellen [121]. Dort, wo sich im Siedegefäß die Dampfblasen entwickeln, verarmt die Flüssigkeit an Leichtersiedendem, während sie dort, wo das Kondensat zufließt, daran angereichert wird [105].

6. Schließlich darf nicht vergessen werden, daß zur Einstellung des Gleichgewichtes eine bestimmte Zeit erforderlich ist, die um so größer wird, je größer das Verhältnis zwischen Umlaufvolumen und Einsatzvolumen ist [122, 123].

7. Zu diesen, beim Umlauf von Flüssigkeit bzw. Dampf in der Apparatur entstehenden Fehlern, kommen noch solche, die durch die Entnahme der Proben bedingt sind. Auf jeden Fall muß durch die Probenahme eine Störung des stationären Zustandes in Kauf genommen werden.

8. Besonders groß ist die Störung, wenn die Apparatur zur Probenahme abgeschaltet wird. Hierbei muß damit gerechnet werden, daß erstens der Dampf im Siedegefäß sich in die Flüssigkeit kondensiert, und zweitens eine Diffusion des Kondensates aus der Rückleitung in die Flüssigkeit stattfindet [105]. Beides hat zur Folge, daß in der Flüssigkeitsprobe ein zu hoher Gehalt festgestellt wird [109, 124].

9. Wird die Probe mittels eines Hahnes entnommen, so besteht die Gefahr, daß sich das Schmiermittel in der Probenflüssigkeit löst und damit falsche Meßergebnisse verursacht, was sich besonders bemerkbar macht, wenn die Analyse durch physikalische Methoden z.B. Messen des Brechungsindex erfolgt.

10. Nach erfolgter Probenahme können dann noch dadurch Fehler auftreten, daß ein Teil der Probeflüssigkeit verdunstet, bevor sie analysiert ist: die Proben zeigen dann zu niedrige Konzentrationswerte für die leichter flüchtige Komponente. Hierauf ist vor allem bei tiefsiedenden Flüssigkeiten zu achten.

11. Neben der Forderung nach Ausschaltung aller Fehlerquellen steht noch der Wunsch nach einer Apparatur, die leicht herzustellen ist und auch von weniger geschulten Fachkräften ohne lange Einarbeitungszeit bedient werden kann. Diese beiden Bedingungen lassen sich nicht miteinander vereinen; es ist nur möglich, zwischen ihnen einen Kompromiß zu schließen. Je nach dem gewünschten Zweck und dem Verhalten des Gemisches wird bei den verschiedenen Konstruktionen auf den einen oder anderen Gesichtspunkt mehr Wert gelegt.

Aus der vorangegangenen Aufstellung ist schon ersichtlich, wie zahlreich die Fehlerquellen sind, die vermieden werden müssen, wenn man einwandfreie Werte erhalten will. Man sieht aber auch, daß die verschiedenen Fehler das Ergebnis in gegenseitiger Richtung beeinflussen können, so daß unter günstigen Umständen auch gute Ergebnisse erhalten werden können, weil die Fehler sich gegenseitig aufheben. Leider gibt es in der Literatur fast keine Angaben darüber, wie groß der Einfluß der verschiedenen Fehler auf die Meßergebnisse ist und wie sich diese bei den verschiedenen Versuchsbedingungen ändern. Allerdings ist die Messung dieser Größen auch sehr schwierig und erfordert einen hohen apparativen Aufwand. So ist es im Einzelfall kaum möglich zu entscheiden, welche Maßnahme ausreicht, um einen Fehler so klein zu halten, daß die Meßergebnisse nicht stärker verfälscht werden, als dies bei den unvermeidlichen Analysenfehlern geschieht. Bei den Konstruktionen von Gleichgewichtsapparaturen wird deshalb meist versucht, alle erkannten Fehlermöglichkeiten auszuschalten. Die dafür eingeschlagenen Wege weist die folgende Übersicht auf:

1. Gegen den besonders bei der Vakuumdestillation auftretenden Siedeverzug und das dabei entstehende Stoßen der Flüssigkeit wird vielfach eine innere elektrische Heizung verwendet, bei der ein elektrischer Heizdraht direkt von der Flüssigkeit umspült wird [*110, 113, 115, 123, 124, 140*]. Dagegen werden jedoch Bedenken geltend gemacht wegen der Gefahr einer Hitzezersetzung oder einer Katalysierung chemischer (besonders Oxydations-)Reaktionen [*125*]. Deshalb werden innere und äußere Heizungen häufig kombiniert, so daß die innere Heizung nur zur Blasen-

entwicklung dient [*109*]. Sicherer, wenn auch etwas umständlicher, kommt man zum Ziel, wenn man Gemischdampf, der möglichst schon die an-

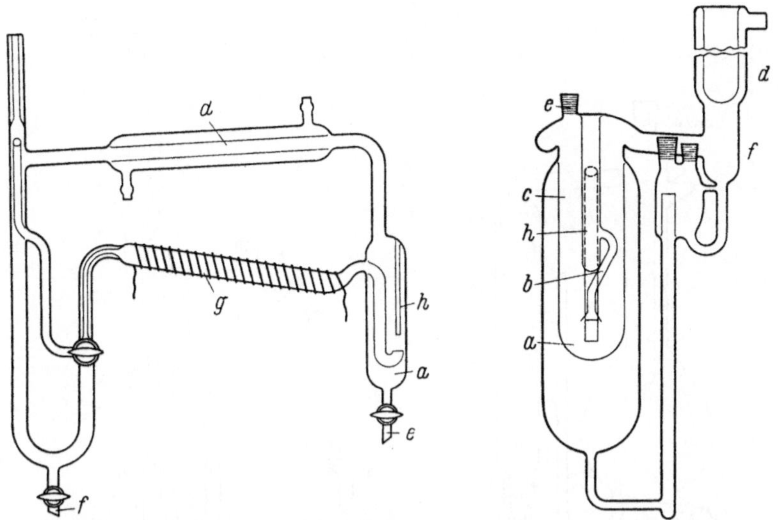

Abb. 23 (nach C. A. JONES u. Mitarb., 1943)   Abb. 24 (nach G. SCATCHARD u. Mitarb., 1938

Abb. 23–25. Gleichgewichtsapparaturen

a Blase;   *b* Cottrell-pump;   *c* Trennkammer;   *d* Kondensator;   *e* Flüssigkeitsmanometer;   *f* Kondensatprobeentnahme;   *g* Heizung;   *h* Temperaturmessung

nähernd richtige Zusammensetzung hat, in die Flüssigkeit einleitet. Dieses Prinzip wurde schon bei diskontinuierlichen Apparaturen mit gutem Erfolg angewandt [*107–108, 126–136*] und dann besonders für die Durchlaufapparaturen entwickelt (Abb. 23, 24) [*2, 7, 137, 138, 139*].

Um eine Gewähr dafür zu geben, daß der Dampf mit der Flüssigkeit wirklich im Gleichgewicht steht, benutzte GILLESPIE [*105*] das unter dem Namen *Cottrell-pump* [*140*] bekannte Prinzip, den Dampf zusammen mit mitgerissener Flüssigkeit in dem

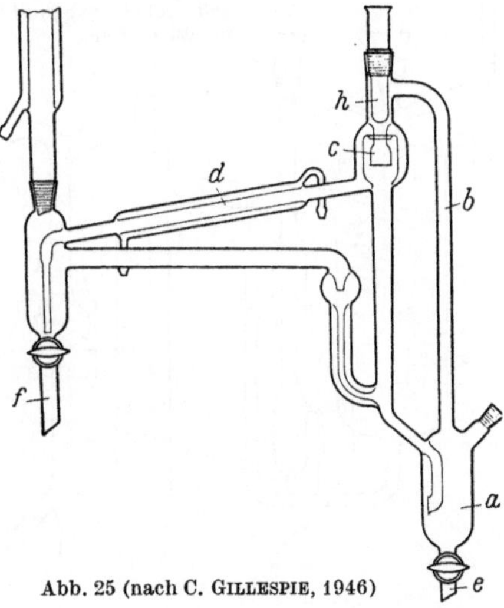

Abb. 25 (nach C. GILLESPIE, 1946)

aufsteigenden Rohr hochsteigen zu lassen (Abb. 25). In einer Trennkammer werden dann Dampf und Flüssigkeit getrennt und kehren auf verschiedenen Wegen (wobei der Dampf kondensiert wird) in den Verdampfungskolben zurück. Bei diesem Verfahren bleibt dem Dampf eine

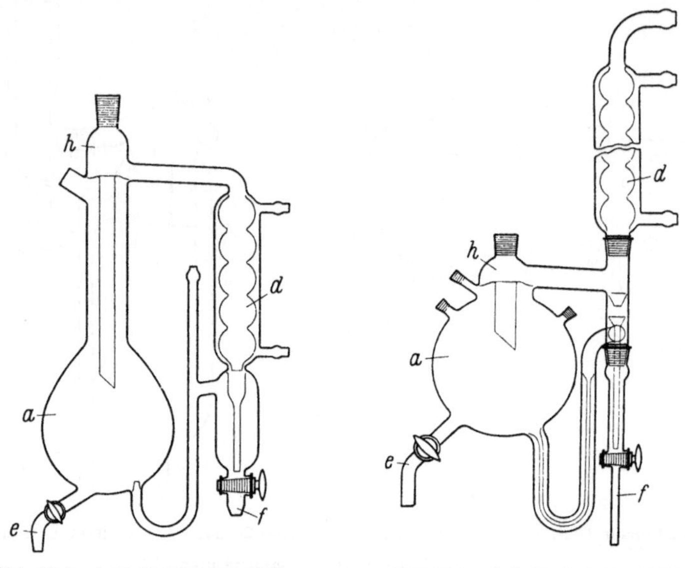

Abb. 26 (nach D. F. OTHMER, 1943)

Abb. 27 (nach D. F. OTHMER, 1948)

Abb. 26–28. Gleichgewichtsapparaturen

a Blase; *b* Cottrell-pump; *c* Trennkammer; *d* Kondensator; *e* Flüssigkeitsprobeentnahme; *f* Kondensatprobenentnahme; *g* Heizung; *h* Temperaturmessung

Abb. 28 (nach H. RÖCK und L. SIEG)

längere Zeit, um sich mit der Flüssigkeit ins Gleichgewicht zu setzen; diesen Effekt wollten ELLIS [141–142] und ACCIARRI [123] noch vergrößern, indem das aufsteigende Rohr zu einer Spirale umgestaltet bzw. verlängert wurde.

2. Die meiste Aufmerksamkeit wurde der Aufgabe gewidmet, eine Teilkondensation des aufsteigenden Dampfes zu vermeiden. Der einfachste Schutz dagegen ist die besonders von OTHMER [143–145] und vielen anderen [120, 146 bis 154] angewandte Methode

(Abb. 26, 27), durch einen äußerlich vom Dampf umspülten Mantel das aufsteigende Rohr auf Siedetemperatur zu halten. Hierbei muß darauf geachtet werden, daß die Luft in diesem Mantel entfernt wird, da er sonst seine Aufgabe nicht erfüllen kann [103, 110]. Diese Methode ist jedoch zumindest bei höheren Temperaturen nicht ausreichend, auch nicht, wenn die Apparatur noch mit Asbest isoliert wird [103, 105, 118, 121, 135]. Bessere Wirkung hat ein versilberter Vakuummantel [127, 155]; doch kann auch durch ihn die Wärmeabgabe nie ganz vermieden werden. Deshalb wird dieser Raum vielfach mit einer elektrischen Heizung umgeben [110, 124, 141, 156, 157, 158, 159]. Diese hat jedoch den Nachteil, daß es schwierig ist, sie genau einzuregulieren und eine gleichmäßige Beheizung durchzuführen [107]. Eine Überhitzung hat häufig nicht nur den Nachteil, daß mitgerissene Teilchen der Gemischflüssigkeit vollständig verdampfen, sondern auch, daß die Temperaturablesung verfälscht wird [103, 110, 160]. Darum sind viele Autoren dazu übergegangen, den Dampfteil der Apparatur mit einem Thermostaten zu umgeben, der mit einer Flüssigkeit [121–122, 130, 161–165], mit Luft [166] oder auch mit Dampf [133, 135, 160, 167, 168] geheizt wird. Eine sehr wirksame Form der Isolation ist es, den Heizteil der Apparatur mit einem Vakuumisolationsmantel und diesen wieder mit einem Thermostaten zu umgeben (Abb. 28) [126]. Allerdings ist dafür ein ziemlich hoher apparativer Aufwand erforderlich.

3. Der sicherste Schutz gegen das Mitreißen von Tröpfchen besteht darin, die Dampfgeschwindigkeit kurz oberhalb der Flüssigkeitsoberfläche durch Verwendung entsprechend großer Abmessungen gering zu halten. Etwas schwieriger läßt sich diese Bedingung bei den Apparaturen mit der *Cottrell-pump* einhalten [126]; hier muß für genügend große Dimensionierung der Trennkammer und die richtige Anordnung der Prallwände gesorgt werden. Ob das Mitreißen verhindert wird, läßt sich leicht prüfen; man destilliert z. B. eine wäßrige $KMnO_4$-Lösung oder eine alkoholische Fluoreszein-Lösung und stellt fest, ob farbige Bestandteile im Dampfraum bzw. Destillat auftreten [105, 109].

4. Wenn bei einer Apparatur ein Rückflußkühler verwandt wird, so lassen sich Fehler nur durch sehr gleichmäßige Destillationsgeschwindigkeit vermeiden. Im allgemeinen ist es jedoch einfacher, einen Durchflußkühler zu nehmen, da der Platzgewinn eines Rückflußkühlers seine Nachteile nicht aufwiegt [109, 119].

5. Die gute Durchmischung bzw. das auftretende Konzentrationsgefälle im Siedegefäß sind ebenfalls Gegenstand vieler Untersuchungen und Diskussionen gewesen. Daß in einem einfachen Verdampfungsgefäß, in welches das Kondensat zurückgeführt wird, erhebliche Konzentrationsunterschiede auftreten, wurde verschiedentlich festgestellt [106, 121, 162], allerdings wird auch die gegenteilige Meinung vertreten [103, 169]. Eine bessere Kontinuität soll erreicht werden, wenn das Kondensat kalt

in die Flüssigkeit zurückgeführt wird [*103*], doch ist diese Maßnahme sicher nicht ausreichend. Auch durch besonders gebaute Verdampfer, die nach dem Thermosyphonprinzip einen Umlauf der Flüssigkeit erzeugen, versucht man diesen Fehler zu vermeiden [*118, 124, 127, 141, 170, 171*]. Als besseres Gegenmittel wird verschiedentlich ein Rührer verwandt [*161, 172, 173*]. Dagegen werden jedoch Bedenken geltend gemacht, weil das Spritzen und Mitreißen von Tröpfchen dadurch erhöht wird [*103*]. Ein von oben eingesetzter Rührer kann außerdem Teilkondensation verursachen [*173*]. Diese Nachteile können am besten durch einen Magnetrührer vermieden werden [*115, 117, 130, 156, 162*]. Es wurde auch schon versucht, die ganze Apparatur an einer Schüttelmaschine zu befestigen [*129, 159*]. Eine andere, ebenfalls recht wirksame Methode, um das Konzentrationsgefälle in der Flüssigkeit zu verhindern, besteht darin, das Kondensat vor dem Eintritt in das Siedegefäß zu verdampfen [*7, 130, 132, 133, 135, 174*]. Siedeverzug und Überhitzung in der Flüssigkeit werden dadurch vermieden, und es tritt kein Konzentrationsgefälle in der Flüssigkeit mehr auf, so daß die Flüssigkeitsprobe bedenkenlos aus der Blase entnommen werden kann. Der Nachteil dieser Anordnung besteht jedoch in ihrer schwierigen Regulierbarkeit, da durch die Heizung immer nur gerade so viel Flüssigkeit verdampft werden darf, wie als Kondensat zufließt. Eine Abart dieser Konstruktion besteht darin, daß das Kondensat von unten in das Siedegfäß zurückgeführt wird. In dem letzten Stück des (erweiterten) Rückleitungsrohres findet dann die Verdampfung statt, noch ehe das eigentliche Siedegefäß erreicht ist [*104, 107, 108, 121, 125, 127, 150, 175, 176*]. Auch bei dieser Konstruktion kann angenommen werden, daß kein wesentliches Konzentrationsgefälle in der Blase mehr auftritt.

Noch besser vermeidet man den Fehler durch Verwendung der *Cottrell-pump*. Allerdings darf man die Flüssigkeitsprobe nicht aus dem Siedegefäß entnehmen [*115, 124, 141, 169, 177, 178*], sondern man muß dazu die aus der *Cottrell-pump* abfließende Flüssigkeit wählen, da diese ja mit Sicherheit mit dem Dampf im Gleichgewicht gestanden hat [*109, 117, 119, 130, 179, 180, 181, 182*] (Abb. 29). Diese Methode setzt sich in letzter Zeit immer mehr durch, da sie am einfachsten einen großen Teil der Fehler auszuschalten gestattet. So kann (abgesehen von sehr hohen Siedetemperaturen [*121*]) ein Rektifikationseffekt vernachlässigt werden. Man kann ihn auch ganz vermeiden, indem man die abfließende Flüssigkeit in einen Mantel zurückleitet, der das aufsteigende Rohr umgibt (Abb. 30) [*117, 121, 122, 123*]. Ein gewisser Nachteil liegt jedoch darin, daß die Menge der Flüssigkeitsfüllung nicht variiert werden kann, sondern stets genau eingestellt werden muß. Beim Arbeiten unter stark vermindertem Druck darf die *Cottrell-pump* nicht zu hoch gebaut werden, da sonst in ihr ein merklicher hydrostatischer Druck auftritt [*180*].

6. Die zur Gleichgewichtseinstellung notwendige Zeit muß für jede Apparatur gesondert ermittelt werden [109]. Genau kann dies durch Probeentnahme geschehen. Häufig begnügt man sich jedoch mit der Beobachtung der Siedetemperatur, da die Probenahme das Gleichgewicht stört [106, 137]. Bei engsiedenden Gemischen sind aber die üblichen Tem-

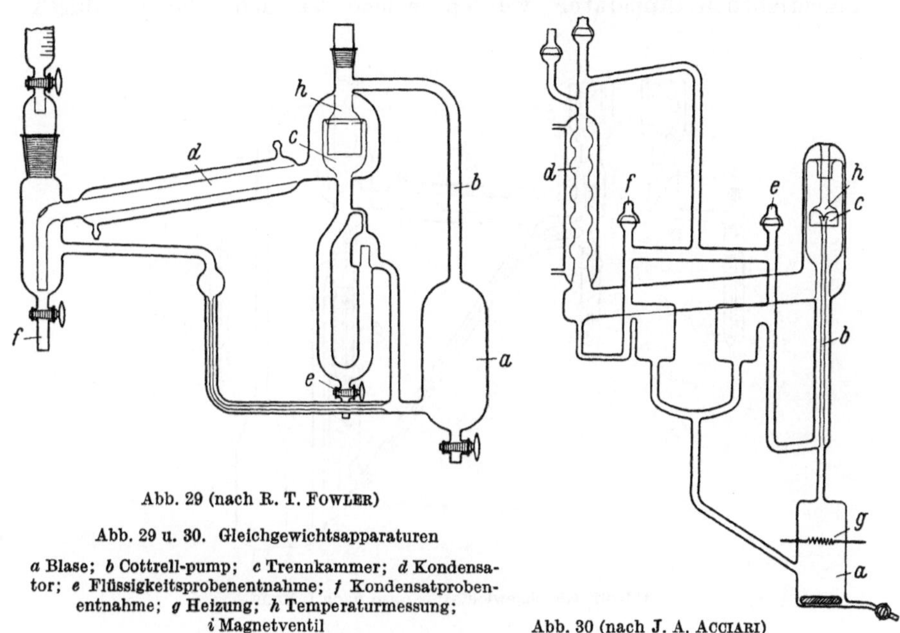

Abb. 29 (nach R. T. Fowler)

Abb. 29 u. 30. Gleichgewichtsapparaturen

a Blase; *b* Cottrell-pump; *c* Trennkammer; *d* Kondensator; *e* Flüssigkeitsprobenentnahme; *f* Kondensatprobenentnahme; *g* Heizung; *h* Temperaturmessung; *i* Magnetventil

Abb. 30 (nach J. A. Acciari)

peraturmeßgeräte nicht empfindlich genug, so daß dann nur noch mit sehr hohem meßtechnischen Aufwand die Gleichgewichtseinstellung durch Kontrolle der Siedetemperatur festgestellt werden kann. Da die Einstellzeit in erster Linie von dem Verhältnis des Umlaufvolumens zum Einsatzvolumen abhängt [103], wurde häufig versucht, das Umlaufvolumen möglichst zu verkleinern [124, 118].

7. Fehler, die durch die Störung des Gleichgewichtes bei der Probenahme entstehen, sind bisher nie völlig vermieden worden. Dazu wäre es notwendig, auf die Probenahme ganz zu verzichten und die Zusammensetzung von Flüssigkeit und Destillat im Durchfluß zu messen. Eine solche Methode hätte noch weitere Vorteile; erstens könnte bei jeder Messung einwandfrei festgestellt werden, ob sich das Gleichgewicht eingestellt hat; zweitens würden alle Schwierigkeiten der Probenahme – besonders beim Arbeiten unter Vakuum – wegfallen und drittens könnten auch keine Fehler durch Verdunsten von Probeflüssigkeit zwischen Entnahme und Bestimmung auftreten. Leider ist die Technik solcher Mes-

sungen noch nicht sehr weit entwickelt. Es gibt jedoch für den Brechungsindex, das UV- und UR-Spektrum, die Dielektrizitätskonstante und Analyse mittels radioaktiver Zusätze bereits Durchlaufmeßgeräte, so daß deren Einsatz in Gleichgewichtsapparaturen zur Serienbestimmung nur noch eine Frage der Zeit sein dürfte [154, 157]. Mit der in dieser Arbeit beschriebenen Apparatur wurden solche Versuche bereits durch-

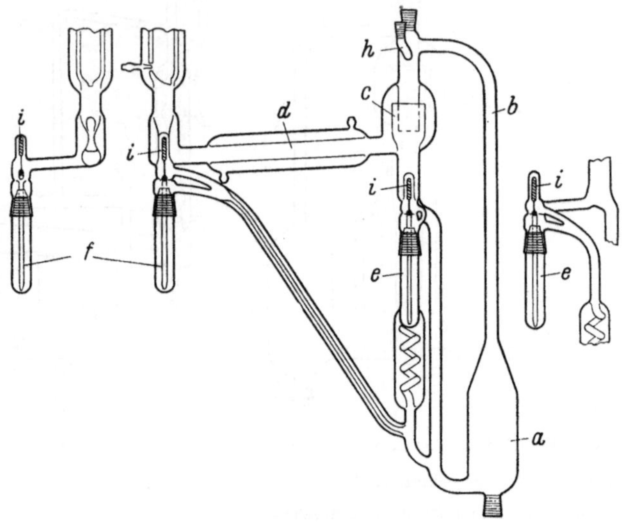

Abb. 31. Gleichgewichtsapparatur nach I. Brown

geführt [184]. Die Messungen können dadurch außerordentlich vereinfacht und beschleunigt werden. Vorläufig muß jedoch die Störung des stationären Zustandes durch die Probenahme noch in Kauf genommen werden; man kann nur versuchen, Fehler dabei möglichst auszuschalten. Die meisten Autoren bemessen das Gefäß für die Destillatentnahme mindestens so groß, daß es die für eine Probe notwendige Menge aufnimmt. Wenn dann Flüssigkeit und Destillatprobe gleichzeitig entnommen werden, müßten sich richtige Werte ergeben. Eine andere Möglichkeit, den stationären Zustand zu erhalten, besteht darin, für die Zeit der Destillatentnahme das Destillat unter Umgehung des Probengefäßes direkt in die Blase zurückzuleiten [162, 176].

8. Um den Fehler zu vermeiden, der bei einer Probenahme nach Abschalten der Apparatur entsteht, weil das Kondensat weiter in die Blase diffundiert, wurde in der Rückführungsleitung ein Hahn angebracht [161].

9. Sehr zahlreich waren die Vorschläge, die Verwendung von Hähnen zu vermeiden, vor allem dort, wo heiße Flüssigkeit durch sie hindurchfließen muß. Die ersten Versuche bestanden darin, die Proben aus den

entsprechenden Behältern nach dem Abschalten der Apparatur mittels Pipetten zu entnehmen [*108, 109, 117, 118, 120, 126, 133, 135*]. Das hat die schon beschriebenen Fehler zur Folge, die nur in ganz wenigen Fällen vermieden werden, nämlich dann, wenn auch für die Flüssigkeitsprobe ein eigenes Gefäß verwandt wird, das nur durch Kapillaren mit der übrigen Apparatur in Verbindung steht [*119, 182*]. Eine elegantere Methode, die in letzter Zeit verschiedentlich angewandt wurde, besteht in der Verwendung eines Kugelschliffventils, das von außen mit Hilfe eines Magneten betätigt wird (Abb. 31) [*119*]. Allerdings läßt sich diese Methode zunächst nur bei Normaldruck anwenden, da ein ungeschmierter Kugelschliff keinesfalls vakuumdicht sein kann. Will man die Magnetventile auch beim Arbeiten unter Vakuum verwenden, so muß die Probe in Gefäße abgelassen werden, die ebenfalls unter Vakuum stehen. Sie dürfen mit der Apparatur nur durch eine Kapillare verbunden sein, damit Fehler durch Diffusion vermieden werden. Zweckmäßig ist es auch, diese Gefäße von außen zu kühlen.

Auch die Entnahme mehrerer Proben nacheinander ohne Abschalten das Vakuums ist hierbei möglich, wenn man sich der üblichen Vakuumwechselvorlage (*Kuheuter, Spinne*) bedient. Die Entnahme und Analyse der Proben kann allerdings immer nur nach Abschalten des Vakuums erfolgen.

10. Bevor die Proben zur Analyse aus der Apparatur entnommen werden und an die Atmosphäre kommen, sollten sie mindestens auf Zimmertemperatur, bei niedrigem Siedepunkt noch tiefer abgekühlt werden. Keinesfalls dürfen Proben in unverschlossenen Gefäßen aufbewahrt werden.

11. Andere Verhältnisse ergeben sich, wenn weniger auf die restlose Beseitigung der Fehler als vor allem auf eine leicht herzustellende und zu bedienende Apparatur Wert gelegt wird. Diese Gesichtspunkte sind besonders bei den Konstruktionen von OTHMER [*103, 144, 145, 185*] (Abb. 26, 27) maßgebend. Er verzichtet auf komplizierte Vakuummantel-Isolationen und Thermostatenheizungen, auf *Cottrell-pump*-Erhitzung und dampfförmige Zugabe des Kondensates. Eine gute Durchmischung im Verdampfungskolben soll durch Kühlung des zugeführten Kondensates erreicht werden. Die Proben werden mittels Hähnen aus der laufenden Apparatur entnommen. Seine Konstruktionen wurden von vielen Autoren mit mehr oder weniger großen Abänderungen übernommen [*83, 104, 110, 111, 116, 120, 127, 135, 149, 156, 161, 162, 168, 170, 180–196*]. Die mit OTHMER-Apparaturen vermessenen Phasengleichgewichte gehören jedoch nicht zu den schlechtest vermessenen Werten. Das mag einmal daran liegen, daß die größten Fehler bei der Aufnahme eines Phasengleichgewichtes nicht in der Apparatur, sondern in der Arbeitstechnik begründet liegen (z.B. ungenügende Einstellzeit, mangelnde Sorgfalt bei

der Probeentnahme, der Analyse bzw. der zur Analyse aufgestellten Eichkurve, unreine Substanzen). Andererseits ist es auch möglich, daß die Fehler sich teilweise kompensieren.

b) Beschreibung der eigenen Apparatur[1]

Unter Berücksichtigung der hier beschriebenen Gesichtspunkte wurde eine Gleichgewichtsapparatur konstruiert, deren Aufbau aus den Abb. 32, 33 und 34 ersichtlich ist. Sie arbeitet nach dem Prinzip der *Cottrell-pump*,

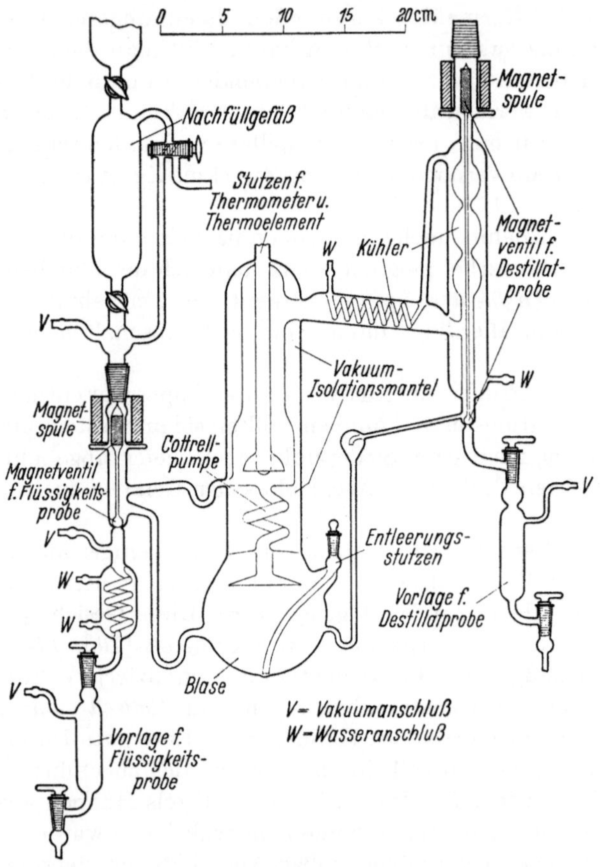

Abb. 32. Eigene Gleichgewichtsapparatur. Gesamtansicht

wodurch die unter 1. und 5. genannten Fehler ausgeschaltet werden. Die Flüssigkeitsprobe wird aus dem Ablauf der *Cottrell-pump* entnommen und

---

[1] Die beschriebene Apparatur wird von der Fa. Destillationstechnik Stage KG., Köln-Niehl, hergestellt.

fließt durch einen Kühler, bevor sie in das Probegefäß gelangt. Der Dampf wird am absteigenden Kühler kondensiert. Der Rückflußkühler ist nur zusätzlich zur Sicherheit angebracht; in seinem unteren Teil dient er zur Kühlung des Kondensates. Beide Proben werden mittels Magnetventilen entnommen. Für den Fall, daß die Substanz Hahnfett löst, wodurch Analysenfehler hervorgerufen werden, ist eine Wechselvorlage vorgesehen (Abb. 35), andernfalls wird eine Vakuumvorlage mit Hähnen verwendet. Für die Gleichgewichtsmessungen an Fettsäuren wurden stets

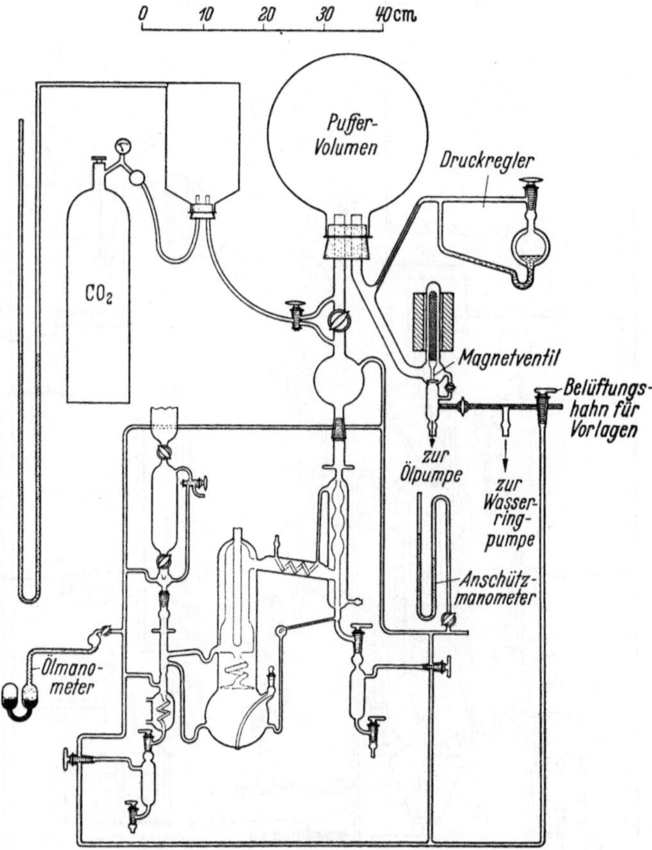

Abb. 33. Eigene Gleichgewichtsapparatur. Vakuumleitungen

die Vorlagen mit Hähnen verwendet. Durch Versuche war festgestellt worden, daß sich der Brechungsindex einer Fettsäure nicht wesentlich ändert, wenn sie über einen silikongefetteten Hahn läuft. Erst nach 20-maligem Durchlaufen war eine merkliche Änderung festzustellen; der Schmelzpunkt änderte sich auch dabei nicht.

Der Dampfteil der Apparatur ist mit einem versilberten Vakuummantel umgeben. Für die Gleichgewichtsmessung der Fettsäuren, die

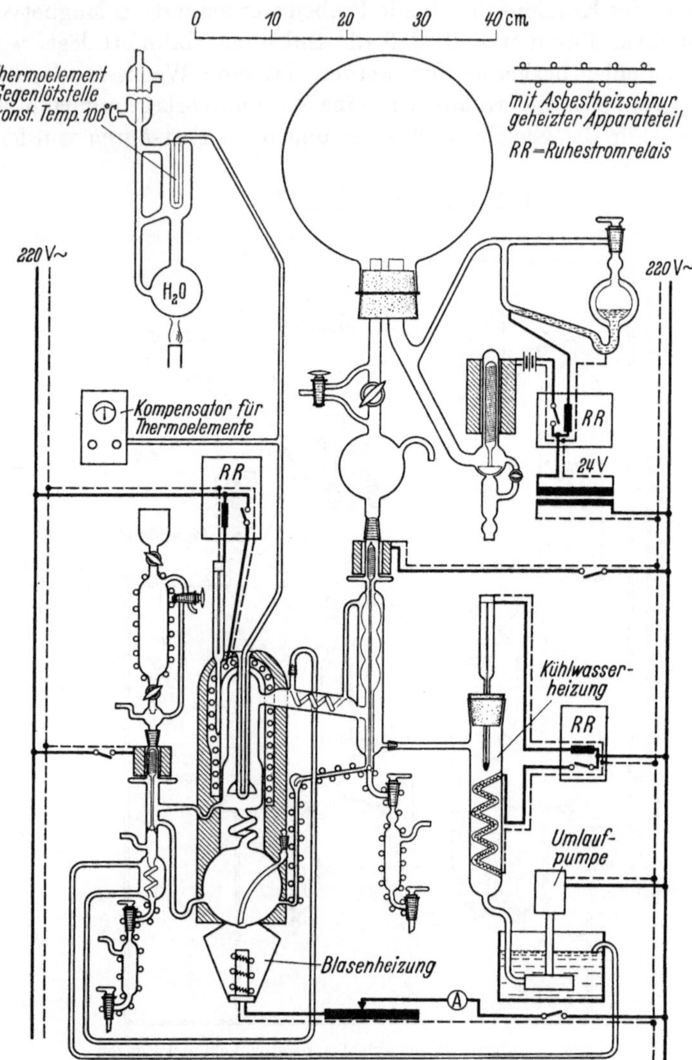

Abb. 34. Eigene Gleichgewichtsapparatur. Elektrische Leitungen

bei Temperaturen zwischen 100 und 250 °C vermessen wurden, war außerdem eine elektrische Heizung angebracht, die mittels eines Kontaktthermometers geregelt wurde. Die Anordnung ist aus Abb. 36 ersichtlich.

Geheizt wurde die Apparatur mit einer Strahlungsheizung von 850 W, die über einen Widerstand von 40 Ohm geregelt wurde. Der Arbeitsbereich lag zwischen 250 und 300 W.

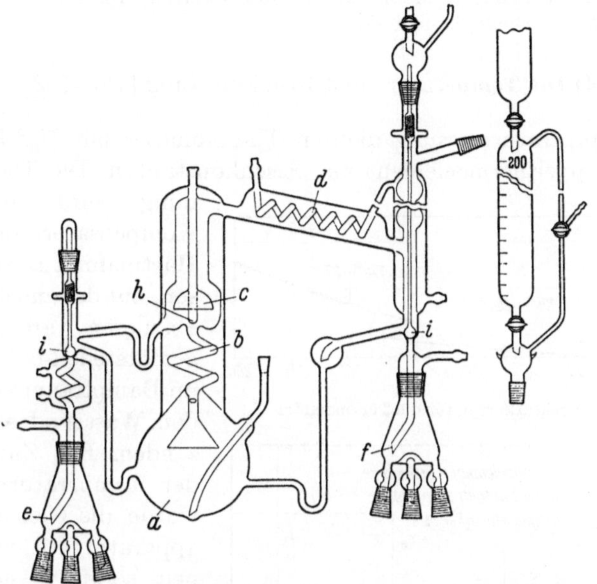

Abb. 35. Eigene Gleichgewichtsapparatur mit Kuheuterwechselvorlage
a Blase; *b* Cottrell-pump; *c* Trennkammer; *d* Kondensator; *e* Flüssigkeitsprobenentnahme; *f* Kondensatprobenentnahme; *h* Temperaturmessung; *i* Magnetventil

c) Die Arbeitsweise bei der Gleichgewichtsmessung

Zur Messung der Phasengleichgewichte wurden folgende Arbeitsgänge durchgeführt:

1. Einfüllen der reinen Substanz in die Gleichgewichts-Apparatur,
2. Ablesen der Siedetemperatur zum Vergleich mit den aus der Dampfdruckkurve berechneten Werten (Überprüfung des abgelesenen Druckes),
3. Entnahme von Proben zur Kontrolle, ob Flüssigkeit und Destillat gleiche Brechungsindices zeigen,
4. Zugabe der zweiten Komponente (Beginn der eigentlichen Gleichgewichtsmessung),
5. Nach einer Einstellzeit von 10—15 Minuten, Entnahme von 5 Proben in Abständen von etwa 5 Minuten, stets Flüssigkeit und Destillat gleichzeitig,

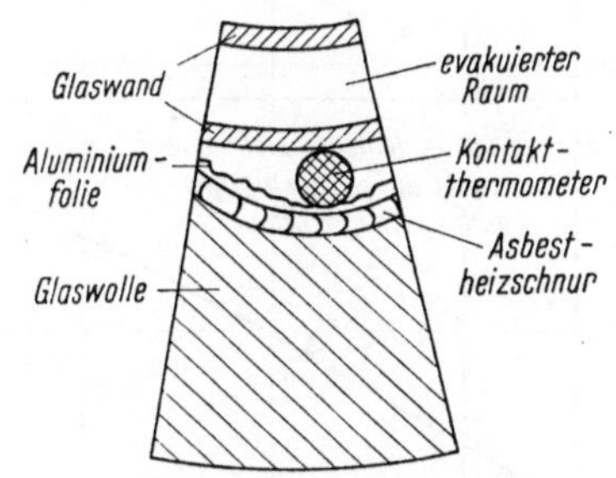

Abb. 36. Querschnitt durch die Heizung und Isolation des Dampfraumes der Gleichgewichtsapparatur

6. Ablesen der Siedetemperatur bei jeder Probenahme,
7. Zugabe einer weiteren Menge der zweiten Komponente und Wiederholung der Arbeitsgänge 5. und 6. so oft, bis etwa die Mitte des Systems erreicht ist (im ganzen fünf bis sechs Meßpunkte),
8. Beginn einer neuen Meßreihe mit der zweiten Komponente als reiner Substanz, Arbeitsgänge 1.–7.

d) Die Temperatur- und Druckmessung [*197–203*]

Zur Temperaturmessung dienten Thermometer mit $^1/_{10}°$ Einteilung und ein Doppelthermoelement aus Eisenkonstantan. Die Thermospannung wurde mit einem Kompensator der Firma Hartmann & Braun gemessen, auf dem noch 0,01 mV abzulesen waren. Die Gegenlötstellen befanden sich im Dampfraum von siedendem Wasser oder in schmelzendem Eis. Zur Eichung der Temperaturmeßgeräte wurde die Gleichgewichtsapparatur mit verschiedenen, sorgfältig gereinigten Flüssigkeiten gefüllt, deren Siedepunkte genau bekannt waren, und zwar: Aceton (Kp. 56,18 °C), Methanol (Kp. 64,75 °C), Benzol (Kp. 80,10 °C). Wasser (Kp. 100,00 °C), Toluol (Kp. 110,60 °C), Decalin (Kp. 187,25 °C) und 1-Methylnaphthalin (Kp. 244,64 °C). Diese wurden destilliert und die abgelesenen Werte mit theoretischen verglichen. Für die Thermometer konnte dann die so gewonnene Eichung (Abb. 37, Tab. 13) direkt verwendet

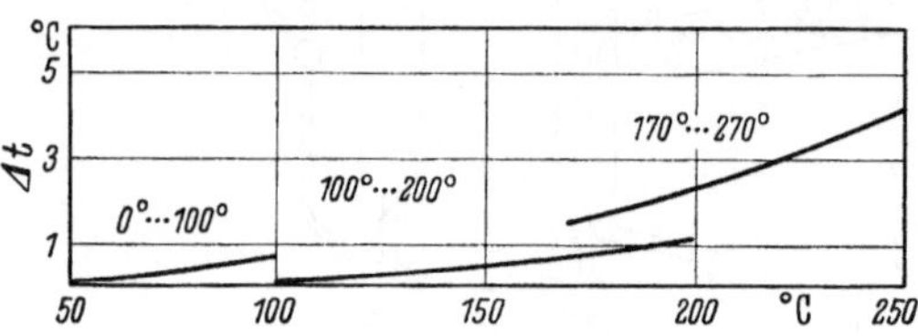

Abb. 37. Korrekturkurven für die Thermometer

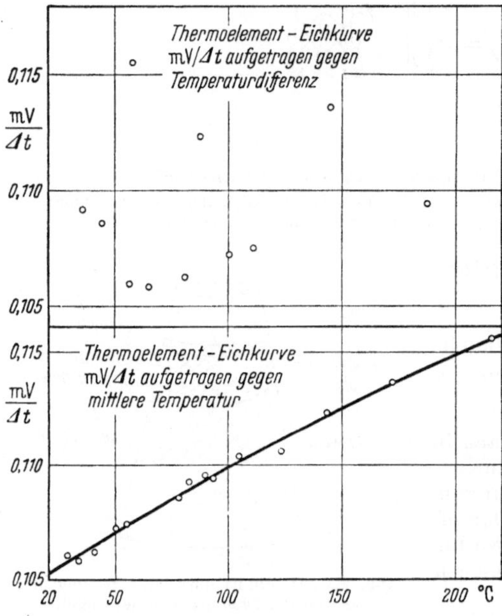

Abb. 38. Eichkurven für das Doppelthermoelement Eisenkonstantan

werden, ohne daß noch eine Fadenkorrektur nötig war. Für die Eichung des Thermoelementes wurde der Quotient aus Thermospannung und Temperaturdifferenz gegen die jeweils mittlere Temperatur der beiden

Lötstellen aufgetragen. Diese Darstellung gab besser reproduzierbare Werte als die sonst übliche Auftragung gegen die Meßtemperatur, wie aus den Abb. 37 und 38 sowie Tab. 14 ersichtlich ist.

Tabelle 13. *Gemessene Siedepunkte für die Eichung der Thermometer*

Siede-Temperatur	0–100°		100–200°		170–270°	
	t_{gem}	Δt	t_{gem}	Δt	t_{gem}	Δt
56,18	56,1	− 0,1				
64,75	64,5	− 0,2				
80,10	79,7	− 0,4				
100,00	99,3	− 0,7	100,00	0,0		
110,62			110,5	− 0,1		
187,25			186,5	− 0,8	184,8	− 2,4
244,64					239,8	− 4,8

Tabelle 14. *Gemessene Thermospannungen für Eichung des Thermoelementes*

t_1	t_2	Δt	mV	$\dfrac{mV}{\Delta t}$	$\dfrac{t_1 + t_2}{2}$
0	56,18	56,18	5,95	0,1060	28
0	64,75	64,75	6,85	0,1058	32,4
0	80,10	80,10	8,51	0,1062	40
0	100,00	100,00	10,72	0,1072	50
0	110,62	100,62	11,87	0,1074	55
0	187,25	187,25	20,50	0,1094	93,6
0	244,64	244,64	27,26	0,1106	122,3
100	56,18	43,82	4,76	0,1086	78
100	64,75	35,25	3,85	0,1092	82,4
100	80,10	19,90	2,18	0,1095	90
100	110,62	10,62	1,17	0,1103	105
100	187,25	87,25	9,80	0,1123	143,6
100	244,64	144,64	16,40	0,1136	172,3
187,25	244,64	57,39	6,63	0,1155	216

Die Regelung des Vakuums erfolgte in der gleichen Weise, wie sie bereits bei der Destillationskolonne beschrieben wurde. Zur Druckablesung diente ein Anschützmanometer. Für die Drucke von 2 bzw. 3 Torr wurde zur Kontrolle der Druckkonstanz noch eine besondere Form eines Anschützmanometers (Ölmanometers) verwandt, die in Abb. 39 dargestellt ist. Auf diese Weise ließen sich Druckschwankungen von 0,1 Torr noch gut ablesen. Der Druck konnte mit einer Genauigkeit von ± 0,1–0,2 Torr konstant gehalten werden.

Beim Vergleich der Siedetemperaturen mit den aus der Dampfdruckkurve bekannten Werten zeigte sich, daß bei Drucken von 2 bzw. 3 Torr der Druckverlust bereits bemerkbar wird. Aus den gemessenen Siedetemperaturen wurden Drucke von 2,7 bzw. 3,5 Torr errechnet. Diese Werte müssen also den Berechnungen zugrunde gelegt werden. Bei höheren Drucken dagegen stimmten die abgelesenen Siedetemperaturen gut mit den für den jeweiligen Druck aus der Dampfdruckkurve entnommenen Werten überein. Die Differenzen waren kleiner als ± 1 °C.

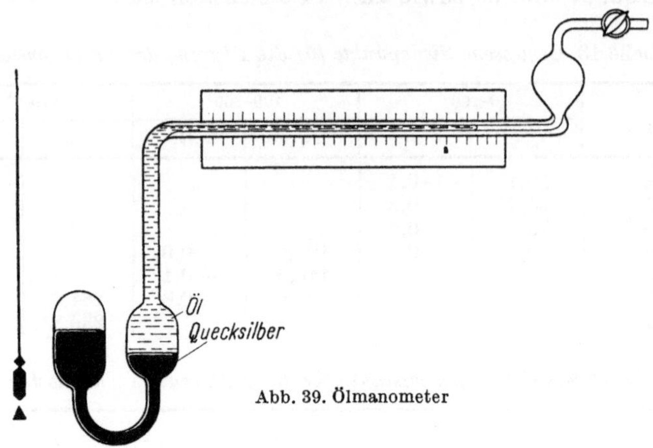

Abb. 39. Ölmanometer

e) Prüfung der Gleichgewichtsapparatur

Zur Erprobung der Apparatur mußte zunächst die Einstellzeit festgelegt werden. Zu diesem Zwecke wurde ein Durchlaufrefraktometer in

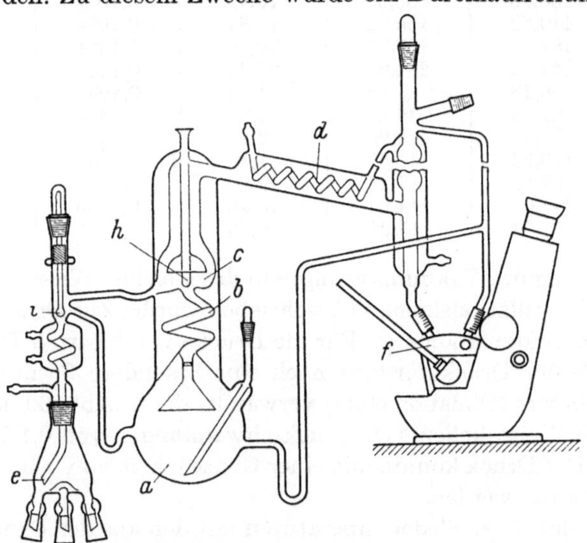

Abb. 40. Versuchsapparatur zur Durchflußmessung
a Blase; b Cottrell-pump; c Trennkammer; d Kondensator; e Flüssigkeitsprobenentnahme;
f Durchflußmessung der Kondensatkonzentration; h Temperaturmessung; i Magnetventil

die Destillatleitung eingebaut (Abb. 40). Als Testsubstanz diente das Gemisch Äthanol—Wasser, das besonders häufig vermessen worden ist [57,

104, 108, 110, 127, 129, 151, 154, 160, 163, 168, 204–236]. Dabei wurde in dem Bereich von 0–10 Mol% Äthanol in der Flüssigkeit gearbeitet. Hier ändert sich die Dampfkonzentration stark bei kleiner Änderung der Flüssigkeitskonzentration; außerdem läßt sich die Konzentration sehr genau mit Hilfe des Brechungsindex bestimmen. Bei den Versuchen wurde beobachtet, daß bereits nach 5 min langem Sieden der Refraktionswert konstant blieb. Damit konnte die Einstellzeit mit 5 min angegeben werden. Bei diesem Versuch wurden auch Flüssigkeitsproben entnommen und deren Zusammensetzung gemessen. Die so erhaltenen Gleichgewichtswerte stimmten – wie Abb. 41 und Tab. 15 zeigen – mit den von anderen Autoren vermessenen [*83,108, 160, 225*] gut überein.

Als weiterer Punkt war vor allem zu prüfen, ob der Dampf ohne mitgerissene Tröpfchen zur Kondensation gelangt. Hierfür wurde die Apparatur zunächst mit einer wäßrigen Lösung von $KMnO_4$ gefüllt und diese zum Sieden gebracht. Das Destillat blieb dabei vollkommen farblos. Erst als die Verdampfungsgeschwindigkeit sehr hoch gesteigert wurde – weit über das normale Maß hinaus –, trat schließlich Verfärbung im Destillat auf. Unter diesen extremen Bedingungen war das Überspritzen von Tropfen auch bereits mit bloßem Auge sichtbar. Schließlich wurde noch folgender Versuch unter Vakuum durchgeführt: Fettsäure (ein Gemisch von C_8 und C_{10}) wurde mit einem organischen Farbstoff versetzt und unter einem Druck von 2 Torr in der Apparatur destilliert. Auch hier blieb das Destillat unter normalen Bedingungen farblos. Auf Grund dieser Prüfungen konnte also mit Sicherheit angenommen werden, daß keine Tröpfchen vom Dampfstrom mitgerissen werden.

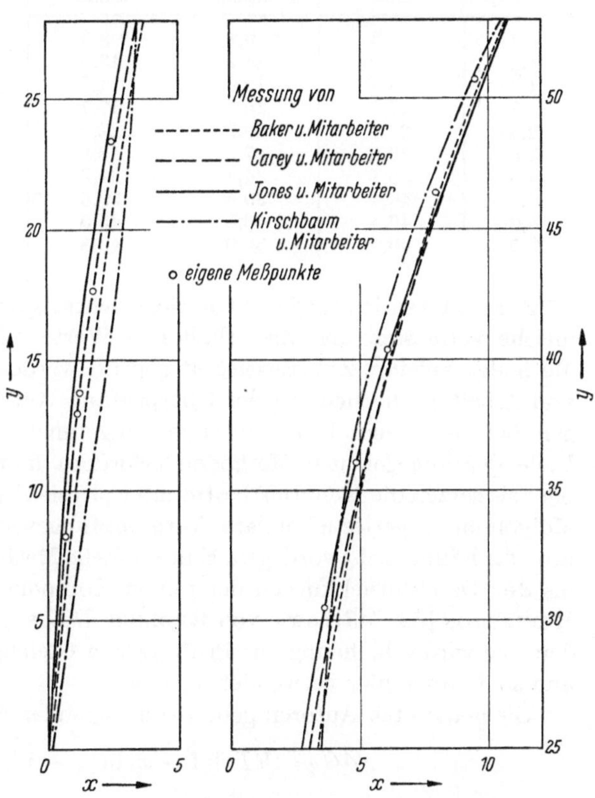

Abb. 41. Phasengleichgewicht Äthanol – Wasser

Tabelle 15. *Phasen-Gleichgewicht Äthanol – Wasser*
Vergleich eigener Messungen mit denen anderer Autoren

Fl.-Konz.	Dampf-Konzentration				
	eigene Mess.	BAKER u. Mitarb.	CAREY u. Mitarb.	JONES u. Mitarb.	KIRSCHBAUM u. Mitarb.
0,7	8,3	6,8	8,3	10,3	4,5
1,2	13,0	11,2	13,5	15,1	7,8
1,3	13,8	12,0	14,2	16,0	8,4
1,8	17,7	15,5	17,7	19,6	11,5
2,5	23,4	20,2	22,2	24,3	16,3
3,6	30,5	27,2	28,8	30,5	27,3
4,9	36,1	34,4	34,8	36,1	37,5
6,1	40,4	39,5	39,5	40,2	41,9
8,0	46,4	46,0	45,5	45,7	47,3
9,5	50,7	50,0	49,8	49,8	51,0

Zur weiteren Prüfung der Gleichgewichtsapparatur sollten einige Gemische vermessen und die erhaltenen Werte mit thermodynamischen Methoden auf ihre Zuverlässigkeit geprüft werden. Aus der großen Zahl von Arbeiten, die sich mit der Überprüfung von Gleichgewichtsmessungen befassen, seien hier nur einige angeführt [5–7, 53–57, 237–243]. Viele der angegebenen Methoden erfordern komplizierte Rechnungen oder sie setzen die Kenntnis bestimmter physikalischer Daten voraus wie Molvolumen, partielle molare Verdampfungswärme, Mischungswärme u. a., die häufig nicht vorliegen. Eine einfache Methode, die nur die Kenntnis der Dampfdruckkurven der reinen Komponenten erfordert, ist von HERINGTON [54, 243] sowie von REDLICH u. KISTER [55] angegeben worden. Sie wird sehr häufig zur Prüfung von Gleichgewichtsdaten benutzt und sollte auch hier verwendet werden.

Die genannten Autoren gehen von folgender Beziehung aus:

$$\Delta G_E = RT \cdot [(1 - x)\ln\gamma_1 + x\ln\gamma_2]$$

$$\frac{1}{2{,}303\,RT} \int_0^1 \frac{\partial\,\Delta G_E}{\partial x}\,\mathrm{d}x = \log\frac{\gamma_1}{\gamma_2}$$

Darin bedeutet:

ΔG_E = freie molare Zusatzenthalpie,
γ = Aktivitätskoeffizienten, definiert als das Verhältnis von gemessenem zu berechnetem Partialdruck,

$$\gamma_1 = \frac{P\,y_1}{p_1\,x_1} \qquad \gamma_2 = \frac{P\,y_2}{p_2\,x_2}$$

P = Gesamtdruck, p = Dampfdruck,
x = Flüssigkeitskonzentration in Mol%, $_1$ = Komponente 1 (leichter siedend),
y = Dampfkonzentration in Mol%, $_2$ = Komponente 2.

Als Randbedingung gilt:

für
$$x = 0 \quad \Delta G_E = 0$$
$$x = 1 \quad \Delta G_E = 0$$

daraus folgt:

$$\frac{1}{2{,}303\,RT} \int\limits_0^1 \frac{\partial \Delta G_E}{\partial x}\,\mathrm{d}x = 0; \qquad \int\limits_0^1 \log \frac{\gamma_1}{\gamma_2}\,\mathrm{d}x = 0$$

Definitionsgemäß ist:

$$\frac{\gamma_1}{\gamma_2} = \frac{P\,y_1\,p_2\,x_2}{p_1\,x_1\,P\,y_2} = \frac{y_1\,x_2}{y_2\,x_1}\,\frac{p_2}{p_1}$$

Außerdem wird definiert:

$$\frac{y_1/y_2}{x_1/x_2} = \alpha_{\text{gemessen}} \qquad \frac{p_1}{p_2} = \alpha_{\text{berechnet}}$$

Man erhält also:

$$\frac{\gamma_1}{\gamma_2} = \frac{\alpha_{\text{gem}}}{\alpha_{\text{ber}}}$$

Diese Beziehungen haben folgende praktische Bedeutung: Trägt man die Funktion $\log \frac{\gamma_1}{\gamma_2}$ oder was dasselbe ist, $\log \frac{\alpha_{\text{gem}}}{\alpha_{\text{ber}}}$ gegen die Konzentration x auf, so muß die erhaltene Kurve die Abszisse schneiden, wobei die sich ergebenden positiven und negativen Flächen gleich groß sein müssen.

Eine weitere Möglichkeit, die Gleichgewichtsdaten auf ihre Richtigkeit zu prüfen, besteht in der Berechnung der Aktivitätskoeffizienten. Sie können aus der oben gegebenen Definition und der Gleichung von GIBBS in die Beziehung gebracht werden:

$$x_1 \left(\frac{\partial \bar{F}_1}{\partial x_1} \right)_{P,\,T} + x_2 \left(\frac{\partial \bar{F}_2}{\partial x_2} \right)_{P,\,T} + \cdots = 0$$

$$x_1 \frac{\partial \ln \gamma_1}{\partial x_1} = -\, x_2 \frac{\partial \ln \gamma_2}{\partial x_2}$$

Darin bedeutet:

$$\partial \bar{F} = \text{partielle molare freie Energie}$$

Außerdem gelten die Randbedingungen:

$$\text{für} \quad x_1 = 1, \quad \gamma_1 = 1, \quad \ln \gamma_1 = 0,$$
$$\text{für} \quad x_2 = 1, \quad \gamma_2 = 1, \quad \ln \gamma_2 = 0.$$

Aus diesen Beziehungen sind für den Verlauf der γ-Kurven u. a. folgende Bedingungen festgelegt: Die Kurven müssen stets entgegengesetzte Neigung haben. Solange kein Extremwert auftritt, müssen die Aktivitätskoeffizienten entweder alle größer oder alle kleiner als 1 sein. Bei $x = 0{,}5$

müssen beide Kurven gleiche Neigung und entgegengesetzte Richtung haben.

Gleichungen für den Verlauf der γ-Kurven sind von MARGULES [57], von VAN LAAR [56] und von SCATCHARD u. HAMER [241] aufgestellt worden. Die Gleichung von GIBBS-DUHEM gilt streng nur unter der Voraussetzung, daß die Abhängigkeit bei konstantem Druck und bei konstanter Temperatur betrachtet wird, und daß die idealen Gasgesetze gelten. Bei der Integration der Gleichung müssen außerdem vereinfachende Annahmen gemacht werden (Auflösung in eine Potenzreihe und Abbruch nach dem zweiten Glied); deshalb können die nach diesen Gleichungen gewonnenen Kurven nur ungefähr den Verlauf der γ-Werte wiedergeben. Da die Gleichungen sich stets auf die Molenbrüche beziehen, also das Molekulargewicht in die Rechnung mit eingeht, versagen sie, sobald Dissoziationen oder Assoziationen auftreten. Das gilt auch für die Ableitung nach HERINGTON [54, 243] bzw. REDLICH u. KISTER [55]. Die Gleichung von SCATCHARD u. HAMER [241] ist der von VAN LAAR [56] sehr ähnlich und liefert nur dann andere Kurven, wenn die Molvolumina der beiden Komponenten wesentlich voneinander verschieden sind. Bei den hier vermessenen Gemischen unterscheiden sich die Molvolumina nicht erheblich; es genügt daher, die Prüfung mit Hilfe der Gleichungen von VAN LAAR u. MARGULES [57] durchzuführen.

Sie lauten:

Gleichung von VAN LAAR [56]:

$$\log \gamma_1 = \frac{A}{\left(1 + \dfrac{A\,x_1}{B\,x_2}\right)^2}$$

$$\log \gamma_2 = \frac{B}{\left(1 + \dfrac{B\,x_2}{A\,x_1}\right)^2}$$

Gleichung von MARGULES [57]:

$$\log \gamma_1 = (2B - A)\,x_2^2 + 2(A - B)\,x_2^3$$
$$\log \gamma_2 = (2A - B)\,x_1^2 = 2(B - A)\,x_1^3$$

Die Größen A und B sind Konstanten und zwar bedeuten:

$$A = \log \gamma_1 \quad \text{für } x_1 = 0,$$
$$B = \log \gamma_2 \quad \text{für } x_2 = 0.$$

Der Ansatz von MARGULES [57] ist eine Gleichung dritten Grades und läßt infolgedessen auch Extremwerte in den γ-Kurven zu. Solche Extremwerte treten bevorzugt dann auf, wenn die Unterschiede zwischen den Anziehungskräften der gleichartigen und der ungleichartigen Moleküle groß sind. In diesem Fall gibt die Gleichung von MARGULES den Verlauf der γ-Kurven häufig besser wieder als die von VAN LAAR. Wenn sich ein Gemisch mehr dem idealen Verhalten nähert, ist dagegen oft die Gleichung von VAN LAAR besser, doch liegen in diesem Fall die Kurven meist sehr eng zusammen.

Die zur Testung der Gleichgewichtsapparatur vermessenen Gemische waren:

Aceton/Benzol

2-Methylnaphthalin/1-n-Undecanol.

Zunächst mußten die Substanzen sorgfältig durch Destillation gereinigt werden. Dazu dienten Füllkörperkolonnen mit einer Füllung von $4 \times 4 \times 0,4$ mm Braunschweiger Wendeln aus V2A-Draht [244]. Durch Verwendung von LABODEST-Einheits-Elementen [244, 245, 246] konnten Apparaturen mit verschieden langen Trennsäulen schnell aufgebaut werden. Im einzelnen verlief die Reinigung wie folgt.:

1. Aceton *pro analysi* hatte einen Brechungsindex von 1,3575 bei 20 °C, während in der Literatur 1,3588 angegeben war. Zur Reinigung wurde es in einer Kolonne mit 3 m hoher Trennsäule destilliert. Nach einem geringen Vorlauf ging ein reines Produkt mit $n_D^{20} = 1,3588$ über Kopf. Nachdem etwa 75% überdestilliert waren, folgte ein Nachlauf, dessen Brechungsindex von Probe zu Probe niedriger wurde.

2. Benzol *pro analysi* wurde in einer Kolonne mit 1,5 m Trennsäule destilliert. Die abgenommenen Fraktionen zeigten von Anfang bis Ende gleiche physikalische Daten (Siedetemperatur 80,1 °C, $n_D^{20} = 1,5010$), die mit den in der Literatur angegebenen Werten gut übereinstimmen.

3. 2-Methyl-naphthalin *reinst* hatte einen Schmelzpunkt von 33,5 °C. Es wurde in einer Kolonne mit 1,5 m hoher Trennsäule bei einem Druck von 20 Torr destilliert. Etwa 50% des Destillates hatten einen Schmelzpunkt von 34,4 °C, wie er auch in der Literatur angegeben wird.

4. Undecanol wurde aus einer Fraktion erhalten, die aus einem synthetischen Fettalkoholgemisch herausdestilliert worden war. Da die Substanz mit verzweigten und ungesättigten Isomeren verunreinigt war, mußte sie durch ein besonders wirksames Destillationsverfahren gereinigt werden. Zum Einsatz kam eine Kolonne mit 3 m hoher Trennsäule; bei der Destillation wurde ein Rücklaufverhältnis von 30 : 1 eingehalten, der Destillationsdruck betrug 20 Torr. Eine mittlere Fraktion mit einem konstanten Brechungsindex von $n_D^{80} = 1,4365$ wurde dann für die Untersuchung genommen. Sie hatte einen Schmelzpunkt von 15,7 °C (Literaturangabe 15,85 °C).

Anschließend wurden die Gleichgewichtsmessungen wie oben beschrieben durchgeführt. Da sowohl Benzol als auch Methylnaphthalin leicht Hahnfett lösen, mußten bei diesen Messungen die Kuheuter-Wechselvorlagen der Abb. 35 verwendet werden.

Für die Konzentrationsbestimmung der Proben eignet sich bei beiden Gemischen der Brechungsindex sehr gut. Wie aus den Abb. 42, 43 und den Tab. 16, 17 ersichtlich ist, können mit einem Abbé-Refraktometer 0,1% noch genau angegeben werden. Die Ergebnisse der Gleichgewichtsmessungen sowie der daraus berechneten Werte für die Prüfung der ther-

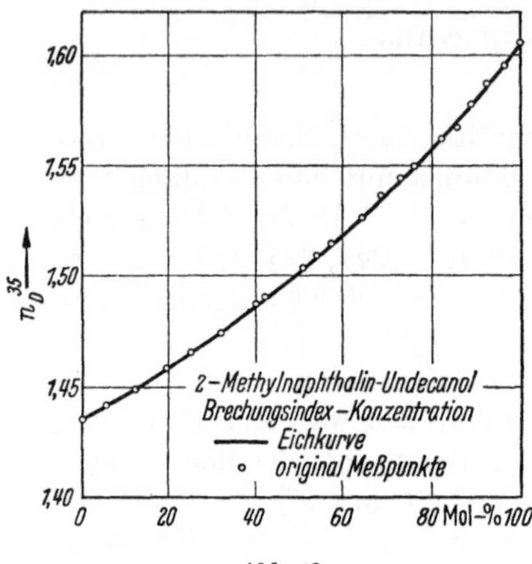

<table>
<tr><td align="center">Abb. 42</td><td align="center">Abb. 43</td></tr>
</table>

<table>
<tr><td align="center">Tabelle 16</td><td align="center">Tabelle 17</td></tr>
</table>

2-Methylnaphthalin – Undecanol				Aceton – Benzol			
Brechungsindex – Konz.				Brechungsindex – Konz.			
Original-Meßwerte		gemittelte Werte		Original-Meßwerte		gemittelte Werte	
Mol%	n_D^{35}	Mol%	n_D^{35}	Mol%	n_D^{20}	Mol%	n_D^{20}
0,00	1,4350	0	1,4350	0,00	1,5010	0	1,5010
6,00	1,4419	5	1,4404	6,22	1,4935	5	1,4951
12,45	1,4493	10	1,4460	10,85	1,4881	10	1,4891
19,42	1,4581	15	1,4520	17,09	1,4807	15	1,4829
25,24	1,4658	20	1,4581	22,91	1,4732	20	1,4767
32,26	1,4740	25	1,4650	28,77	1,4658	25	1,4703
40,54	1,4869	30	1,4719	34,34	1,4581	30	1,4637
42,40	1,4905	35	1,4788	38,96	1,4562	35	1,4571
50,57	1,5035	40	1,4860	44,77	1,4440	40	1,4504
54,49	1,5094	45	1,4937	49,65	1,4362	45	1,4434
57,34	1,5144	50	1,5018	54,80	1,4299	50	1,4363
64,23	1,5267	55	1,5097	59,88	1,4225	55	1,4292
68,77	1,5351	60	1,5182	64,44	1,4157	60	1,4220
73,04	1,5431	65	1,5270	68,78	1,4093	65	1,4145
76,52	1,5499	70	1,5362	74,52	1,3995	70	1,4070
82,50	1,5617	75	1,5457	77,93	1,3953	75	1,3993
85,74	1,5680	80	1,5561	82,42	1,3880	80	1,3927
89,07	1,5771	85	1,5669	87,34	1,3805	85	1,3838
92,60	1,5858	90	1,5780	91,97	1,3732	90	1,3756
96,47	1,5944	95	1,5903	96,16	1,3661	95	1,3673
100,00	1,6036	100	1,6036	100,00	1,3591	100	1,3591

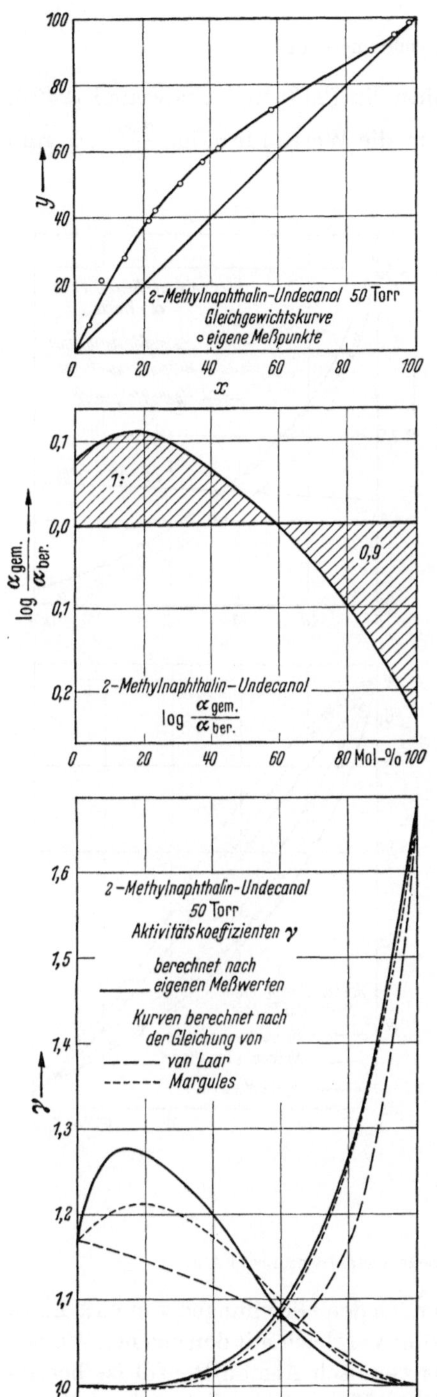

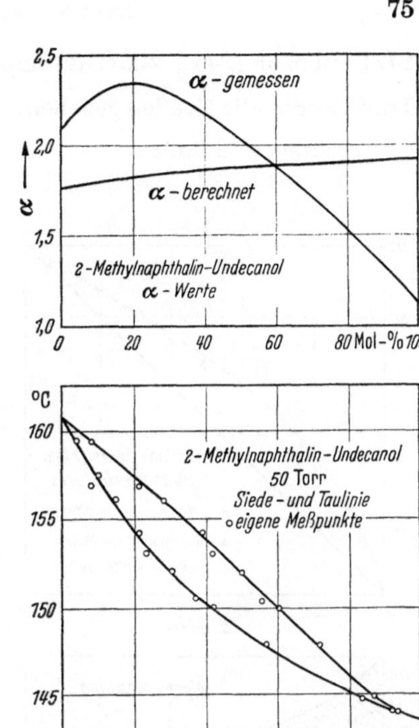

Abb. 44. Phasengleichgewicht 2-Methyl-
naphthalin – 1-n-Undecanol, 50 Torr

modynamischen Konsistenz
sind aus den Abb. 44, 45 und
den Tab. 18, 19 ersichtlich.
Zunächst wurden die erhaltenen Meßpunkte in Gleich-
gewichtsdiagramme eingetragen und die Gleichgewichtskurven daraus graphisch ge-
mittelt. Nach den gemessenen
Siedetemperaturen konnten
außerdem die Siede- und Tau-
linien gezeichnet werden. Dann
wurden zu glatten Werten von
x entsprechende y-Werte festgelegt. Dampfdrucke der verwendeten Substanzen findet
man in der Literatur (Aceton

[247], Benzol [248], 2-Methyl-naphthalin [248] und Undecanol [249]).
Damit waren alle Größen gegeben, um die Werte für α, $\log \frac{\alpha_{\text{gem}}}{\alpha_{\text{ber}}}$, γ_1 und
γ_2 berechnen zu können.

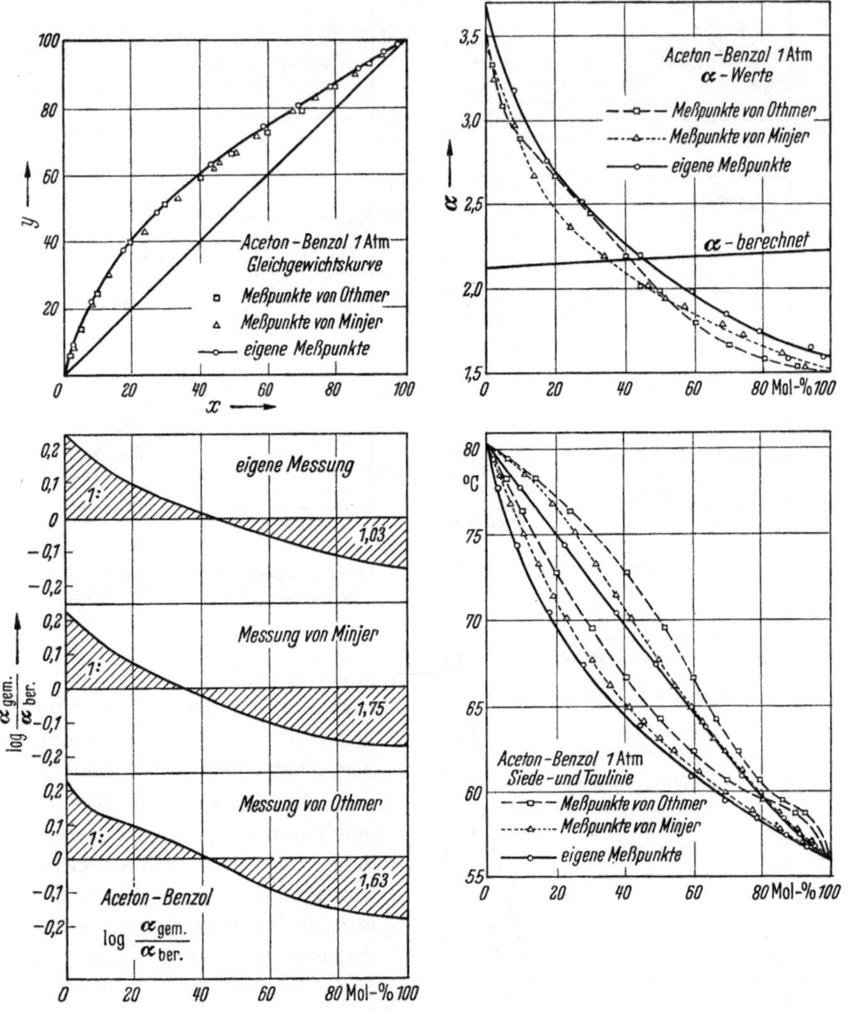

Abb. 45a. Phasengleichgewicht Aceton/Benzol bei 1 Atm

Außerdem wurden die γ-Kurven nach den Gleichungen von VAN LAAR
und von MARGULES berechnet und zum Vergleich mit den eigenen Werten
in die Diagramme eingetragen. Das Gemisch Aceton/Benzol ist bereits
vermessen worden [103, 104, 125]. Diese Messungen wurden ebenfalls der

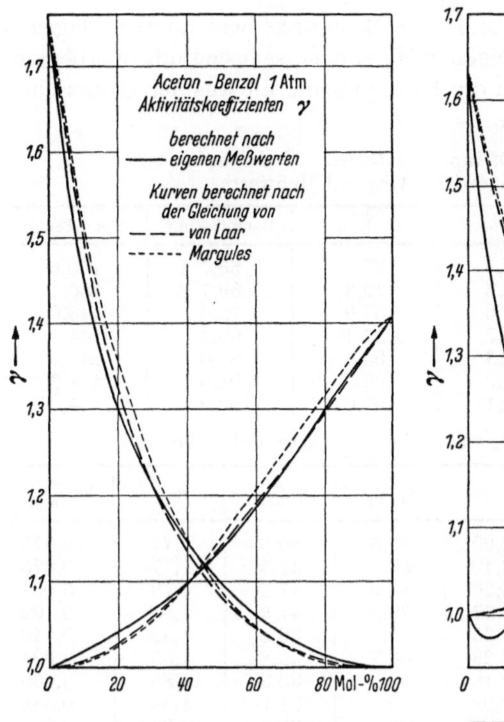

Abb. 45b. Phasengleichgewicht Aceton/Benzol
bei 1 Atm. Aktivitätskoeffizienten

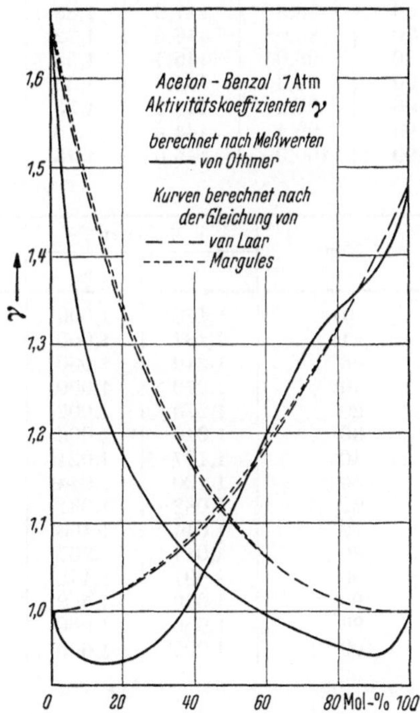

thermodynamischen Prüfung unterzogen. Aus der Abb. 45 ist ersichtlich, daß die eigenen Meßergebnisse der Prüfung weit besser gerecht werden als die von OTHMER [*103*] und DE MINJER [*104*]. So ist das Verhältnis der positiven zur negativen Fläche unter der Kurve log $\frac{\alpha_{gem}}{\alpha_{ber}}$ bei der eigenen Messung 1 : 1,03, bei den fremden Messungen 1 : 1,63 bzw. 1 : 1,75. Die γ-Kurven genügen sowohl bei OTHMER als auch bei DE MINJER nicht den genannten Bedingungen und unterscheiden sich infolgedessen erheblich von den nach VAN LAAR und nach MARGULES berechneten. Dagegen liegen die γ-Kurven aus den eigenen Messungen sehr eng mit den berechneten zusammen und erfüllen die Bedingungen, die aus der GIBBSschen Gleichung hergeleitet werden.

Tabelle 18. *2-Methyl-naphthalin – Undecanol*
Phasengleichgewicht, Original-Meßwerte

Fl.-Konz.	Dampf-Konz.	Siede-Temp.	Fl.-Konz.	Dampf.-Konz.	Siede-Temp.
0,0	0,0	160,8	37,8	56,7	150,6
3,8	8,2	159,5	42,8	60,7	150,1
8,2	21,6	157,0	57,9	72,5	148,0
14,8	28,3	156,2	87,1	90,4	144,8
21,7	39,2	154,3	93,9	95,0	144,3
23,8	42,2	153,2	98,1	98,5	144,2
30,8	50,3	152,1	100,0	100,0	144,0

Phasengleichgewicht, ausgeglichene Werte und α-Werte

Fl.-Konz.	Dampf-Konz.	Siede-Temp.	α_{gem}	$\dfrac{p}{\text{Me-na}}$	$\dfrac{p}{\text{Undec}}$	α_{ber}	$\log \dfrac{\alpha_{\text{gem}}}{\alpha_{\text{ber}}}$
0	0,0	160,8	2,09	88,5	50,0	1,77	0,073
1	2,1	160,5	2,10	87,6	49,5	1,77	0,075
5	10,4	159,2	2,20	83,9	47,2	1,78	0,091
10	20,2	157,5	2,57	79,5	44,3	1,80	0,102
20	37,0	154,5	2,35	72,8	39,2	1,82	0,110
30	49,6	152,2	2,29	66,7	35,8	1,85	0,094
40	59,2	150,3	2,18	62,3	33,3	1,86	0,068
50	66,9	149,0	2,02	59,7	31,7	1,88	0,032
60	73,8	147,6	1,88	56,8	30,0	1,89	− 0,002
70	80,0	146,5	1,72	54,7	28,5	1,90	− 0,044
80	86,0	145,5	1,53	52,8	27,6	1,91	− 0,096
90	92,3	144,6	1,33	51,2	26,7	1,92	− 0,159
95	95,9	144,2	1,23	50,4	26,3	1,92	− 0,191
99	99,1	144,0	1,15	50,1	26,1	1,92	− 0,223
100	100,0	144,0	1,13	50,0	26,0	1,92	− 0,231

γ-Werte

Fl.-Konz.	Meßdaten		VAN LAAR		MARGULES	
	γ_1	γ_2	γ_1	γ_1	γ_1	γ_1
0	1,170	1,000	1,170	1,000	1,170	1,000
1	1,187	1,000	1,169	1,000	1,174	1,000
5	1,240	1,000	1,165	1,000	1,187	1,000
10	1,270	1,000	1,158	1,001	1,202	− 1,001
20	1,270	1,002	1,145	1,002	1,210	− 1,002
30	1,240	1,006	1,130	1,007	1,199	1,001
40	1,197	1,021	1,114	1,015	1,171	1,014
50	1,120	1,044	1,095	1,029	1,136	1,040
60	1,082	1,091	1,076	1,052	1,098	1,085
70	1,044	1,168	1,055	1,093	1,060	1,158
80	1,017	1,267	1,031	1,167	1,029	1,269
90	1,001	1,442	1,010	1,337	1,008	1,420
95	1,000	1,558	1,004	1,453	1,002	1,540
99	1,000	1,660	1,000	1,616	1,000	1,641
100	1,000	1,669	1,000	1,669	1,000	1,669

Das Gleichgewicht 2-Methyl-naphthalin/Undecanol ist noch nicht vermessen worden. Die α-Wertkurve zeigt ein Maximum, das auch in der γ_1-Kurve auftritt. So kann nur die MARGULES-Gleichung die γ-Kurven befriedigend wiedergeben. Die Abweichungen sind hier zwar etwas größer, doch sind die Bedingungen der GIBBSschen Gleichung noch erfüllt. Bei der Prüfung nach HERINGTON stehen die beiden Flächen unter der Kurve $\log \dfrac{\alpha_{gem}}{\alpha_{ber}}$ in einem Verhältnis von 1 : 1,1.

Aus den Ergebnissen dieser Gleichgewichtsmessungen konnte also der Schluß gezogen werden, daß die Apparatur keinen systematischen Fehler enthält, der zur Verfälschung der Meßergebnisse führen könnte.

Tabelle 19. Aceton – Benzol
Phasengleichgewicht

Original-Meßwerte			berechnete Werte				
Fl.-Konz.	Dampf-Konz.	Siede-Temp.	Fl.-Konz.	Siede-Temp.	p Aceton	p Benzol	α_{ber}
0,0	0,0	80,1	0	80,1	1610	760	2,120
2,9	9,1	77,8	1	79,8	1606	757	2,122
8,3	22,3	74,4	5	78,4	1531	720	2,127
17,8	37,4	70,5	10	76,7	1456	682	2,134
27,5	48,8	67,5	20	73,6	1329	619	2,146
43,9	63,2	63,9	30	70,8	1220	565	2,159
59,2	74,2	61,0	40	68,2	1122	517	2,171
69,3	80,6	59,6	50	65,9	1045	479	2,182
78,6	86,5	58,5	60	63,6	973	444	2,192
87,3	91,6	57,5	70	61,6	908	412	2,202
94,2	96,4	56,8	80	59,7	858	388	2,212
98,1	98,8	56,4	90	57,9	804	362	2,221
100,0	100,0	56,2	95	57,0	781	351	2,225
			99	56,3	762	342	2,229
			100	56,2	760	341	2,230

Phasengleichgewichte, ausgeglichene Werte

Fl.-Konz.	Dampfkonzentration			Siedetemperatur		
	eig. Mess.	DE MINJER	OTHMER	eig. Mess.	DE MINJER	OTHMER
0	0,00	0,00	0,00	80,10	80,10	80,10
1	3,52	3,35	3,36	79,20	79,80	79,84
5	14,96	14,27	14,00	76,35	77,80	78,30
10	25,31	24,20	24,30	73,60	75,40	76,40
20	40,30	38,13	40,00	69,70	71,15	72,80
30	51,47	49,20	51,20	66,75	67,75	69,60
40	60,30	58,31	59,40	64,50	65,20	66,70
50	67,85	66,21	66,50	62,65	63,10	64,30
60	74,64	73,51	73,00	61,00	61,40	62,40
70	81,00	80,32	79,50	59,60	59,85	60,70
80	87,37	86,92	86,30	58,35	58,50	59,60
90	93,71	93,45	93,20	57,25	57,30	58,80
95	96,87	96,72	96,63	56,70	56,75	57,93
99	99,37	99,34	99,33	56,27	56,30	56,55
100	100,00	100,00	100,00	56,18	56,18	56,18

Tabelle 19 (Fortsetzung). α-Werte

Fl.-Konz.	α-gemessen			$\log \dfrac{\alpha_{gem}}{\alpha_{ber}}$		
	eig. Mess.	DE MINJER	OTHMER	eig. Mess.	DE MINJER	OTHMER
0	3,66	3,48	3,52	0,237	0,215	0,220
1	3,61	3,43	3,45	0,233	0,208	0,211
5	3,34	3,17	3,09	0,196	0,174	0,162
10	3,05	2,87	2,90	0,155	0,128	0,133
20	2,70	2,47	2,67	0,100	0,061	0,095
30	2,48	2,26	2,44	0,061	0,020	0,053
40	2,28	2,10	2,21	0,021	$-$0,015	0,007
50	2,11	1,96	1,98	$-$0,015	$-$0,047	$-$0,042
60	1,96	1,85	1,80	$-$0,049	$-$0,074	$-$0,086
70	1,83	1,75	1,67	$-$0,080	$-$0,100	$-$0,120
80	1,73	1,66	1,57	$-$0,107	$-$0,124	$-$0,149
90	1,66	1,58	1,53	$-$0,127	$-$0,148	$-$0,162
95	1,62	1,55	1,51	$-$0,138	$-$0,157	$-$0,168
99	1,60	1,53	1,50	$-$0,144	$-$0,163	$-$0,172
100	1,59	1,52	1,50	$-$0,147	$-$0,167	$-$0,173

γ-Werte nach eigenen Messungen

Fl.-Konz.	Meßdaten		VAN LAAR		MARGULES	
	γ_1	γ_2	γ_1	γ_2	γ_1	γ_2
0	1,750	1,000	1,750	1,000	1,750	1,000
1	1,720	1,002	1,728	1,000	1,730	1,000
5	1,580	1,009	1,620	1,002	1,636	1,001
10	1,450	1,021	1,490	1,008	1,516	1,006
20	1,301	1,043	1,323	1,029	1,355	1,028
30	1,218	1,069	1,212	1,060	1,234	1,060
40	1,149	1,099	1,136	1,096	1,149	1,101
50	1,098	1,136	1,083	1,141	1,090	1,151
60	1,063	1,186	1,047	1,187	1,049	1,204
70	1,034	1,242	1,020	1,239	1,022	1,262
80	1,015	1,298	1,010	1,287	1,008	1,514
90	1,004	1,348	1,002	1,347	1,001	1,369
95	1,001	1,370	1,001	1,378	1,000	1,390
99	1,000	1,400	1,000	1,400	1,000	1,404
100	1,000	1,406	1,000	1,406	1,000	1,406

γ-Werte nach DE MINJER

Fl.-Konz.	Meßdaten		VAN LAAR		MARGULES	
	γ_1	γ_2	γ_1	γ_2	γ_1	γ_2
0	1,640	1,000	1,640	1,000	1,640	1,000
1	1,591	0,986	1,622	1,001	1,622	1,001
5	1,440	0,972	1,544	1,004	1,550	1,004
10	1,325	0,978	1,457	1,008	1,468	1,008
20	1,178	1,027	1,328	1,022	1,335	1,022
30	1,115	1,081	1,226	1,048	1,233	1,048
40	1,088	1,127	1,155	1,084	1,157	1,085
50	1,059	1,175	1,100	1,128	1,098	1,130
60	1,031	1,221	1,060	1,179	1,036	1,185
70	1,016	1,278	1,032	1,240	1,029	1,247
80	1,006	1,332	1,014	1,308	1,013	1,316
90	0,999	1,400	1,004	1,385	1,004	1,390
95	0,998	1,430	1,001	1,427	1,001	1,430
99	0,999	1,468	1,000	1,462	1,000	1,462
100	1,000	1,470	1,000	1,470	1,000	1,470

Tabelle 19 (Fortsetzung). γ-Werte nach OTHMER

Fl.-Konz.	Meßdaten		VAN LAAR		MARGULES	
	γ_1	γ_2	γ_1	γ_2	γ_1	γ_2
0	1,660	1,000	1,660	1,000	1,660	1,000
1	1,596	0,985	1,637	1,000	1,640	1,000
5	1,396	0,958	1,560	1,002	1,565	1,001
10	1,282	0,947	1,471	1,006	1,480	1,006
20	1,173	0,947	1,334	1,024	1,341	1,023
30	1,106	0,976	1,231	1,050	1,239	1,051
40	1,061	1,024	1,157	1,087	1,160	1,088
50	1,021	1,114	1,100	1,131	1,102	1,135
60	0,993	1,199	1,060	1,185	1,060	1,190
70	0,979	1,288	1,031	1,245	1,031	1,251
80	0,963	1,345	1,013	1,315	1,013	1,321
90	0,949	1,375	1,004	1,395	1,004	1,396
95	0,961	1,410	1,001	1,434	1,001	1,435
99	0,990	1,471	1,000	1,466	1,000	1,469
100	1,000	1,476	1,000	1,476	1,000	1,476

f) Die Vermessung der Phasengleichgewichte der Fettsäuren

Bei der Vermessung der Phasengleichgewichte der Fettsäuren mußte vor allem dem Umstand Rechnung getragen werden, daß die Substanzen – besonders die höheren Glieder der homologen Reihe – hohe Schmelzpunkte haben. Deshalb war es notwendig, die mit Destillat in Berührung kommenden Teile der Apparatur und die Probenvorlagen auf die Schmelztemperatur der Fettsäuren zu erwärmen. Zu diesem Zweck wurden die genannten Teile mit einer Asbestheizdrahtschnur umwickelt. Die Heizung war so dimensioniert, daß sie das gesamte System auf eine Temperatur von etwa 70 °C erwärmen konnte. Die Vorlagen wurden mit Hähnen ausgestattet, weil dann die Beheizung leicht durchzuführen ist. Durch Versuche war festgestellt worden, daß die Änderung des Brechungsindex durch etwa gelöstes Hahnfett vernachlässigbar ist; im Schmelzpunkt war überhaupt keine Änderung festzustellen. Die Messung wurde für jede vorgegebene Zusammensetzung nacheinander bei drei Drucken durchgeführt und zwar zuerst beim niedrigsten; für den nächsthöheren strömte dann Kohlensäure in die Apparatur. Auf diese Weise mußten von jeder Zusammensetzung 30 Proben genommen werden, je 5 Proben von Flüssigkeit und Destillat bei drei Drucken. Von den Proben wurde dann der Brechungsindex bzw. der Erstarrungspunkt gemessen und mit Hilfe der aufgenommenen Eichkurven (Abb. 21, 46 u. Tab. 9, 20, 21) die Zusammensetzung bestimmt.

Nachdem die Ergebnisse der zweiten Temperaturbeständigkeitsprüfung gezeigt hatten, daß bei dieser Art der Messung bereits gewisse Zersetzungserscheinungen auftreten können, war die Durchführung von

Kontrollmessungen notwendig. Die thermische Beanspruchung sollte dabei so gering wie möglich sein. Zu diesem Zwecke wurden zwei Gemische und zwar $C_{10}-C_{12}$ sowie $C_{14}-C_{16}$ nur bei einem Druck von 3 bzw.

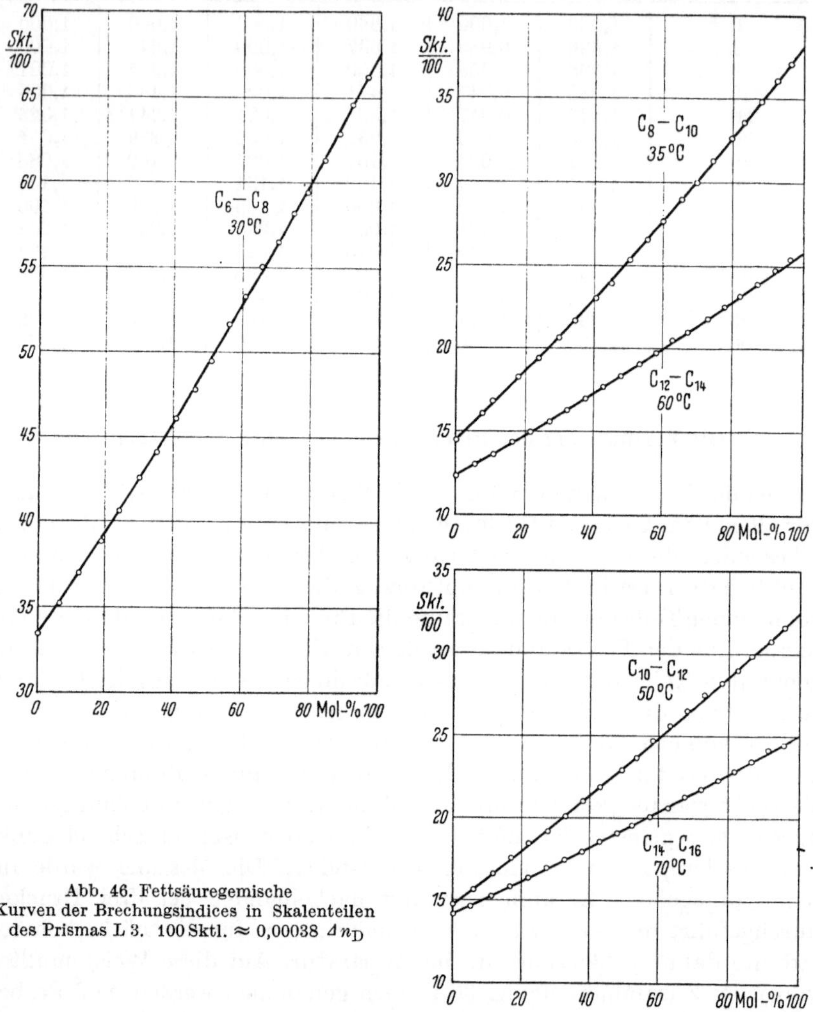

Abb. 46. Fettsäuregemische
Kurven der Brechungsindices in Skalenteilen
des Prismas L 3. 100 Sktl. $\approx$ 0,00038 Δn_D

2 mm vermessen. Bei den Messungen sollte keine Unterbrechung durch Probenanalyse eintreten. Dadurch wurde die Zeit für das Aufheizen und die Druckeinstellung eingespart und die Substanzen nicht über den Siedepunkt des niedrigsten Druckes erhitzt. Die Messungen stimmten gut mit den anderen Ergebnissen überein, bei denen der Erstarrungspunkt zur Analyse benutzt worden war (Abb. 48).

Tabelle 20. *Fettsäuregemische*
Brechungsindex – Konzentration, Original-Meßpunkte

C_6–C_8 30 °C		C_8–C_{10} 35 °C		C_{10}–C_{12} 50 °C		C_{12}–C_{14} 60 °C		C_{14}–C_{16} 70 °C	
Mol%	Sktl.	Mol%	Sktl.	Mol%	Sktl.	Mol%	Sktl.	Mol%	Sktl.
C_8	3340	C_{10}	1450	C_{12}	1480	C_{14}	1228	C_{16}	1420
6,13	3530	7,66	1606	5,81	1565	6,23	1298	5,66	1465
12,11	3706	10,63	1684	11,41	1664	11,14	1360	11,06	1525
18,54	3890	18,17	1830	16,75	1756	16,64	1440	16,77	1588
24,02	4068	23,97	1945	22,20	1842	21,63	1495	21,82	1636
29,89	4262	29,79	2069	27,64	1921	27,32	1563	27,32	1696
34,94	4412	34,29	2169	33,00	2011	32,30	1630	32,68	1748
40,73	4611	40,39	2305	38,16	2099	37,63	1698	37,81	1796
45,71	4781	45,13	2396	43,25	2189	42,74	1767	42,75	1856
50,88	4948	50,53	2537	49,44	2291	48,30	1840	47,78	1907
55,95	5167	55,25	2655	53,60	2362	53,30	1910	53,33	1965
60,72	5330	60,05	2766	58,50	2471	58,40	1978	57,92	2007
65,50	5410	65,27	2899	63,26	2565	63,10	2050	63,10	2066
70,03	5652	69,69	3008	68,12	2651	67,53	2098	67,67	2127
74,69	5821	74,44	3133	72,92	2750	73,72	2185	72,64	2175
78,88	5948	79,52	3267	77,70	2820	77,69	2252	77,14	2236
83,61	6135	82,99	3365	82,24	2898	82,35	2320	81,78	2289
87,73	6290	87,80	3485	86,42	2980	87,23	2393	86,46	2345
91,95	6462	92,13	3609	91,32	3075	91,36	2478	91,35	2414
96,02	6627	95,77	3711	95,52	3169	95,46	2530	95,71	2448
C_6	6778	C_8	3829	C_{10}	3249	C_{12}	2589	C_{14}	2506

Tabelle 21. *Brechungsindex – Konzentration für Fettsäuregemische in Skalenteilen des Prismas L3 für Mol%; ausgeglichene Werte*

Konz.	C_6–C_8	C_8–C_{10}	C_{10}–C_{12}	C_{12}–C_{14}	C_{14}–C_{16}
Mol%	30 °C	35 °C	50 °C	60 °C	70 °C
0	3340	1450	1480	1228	1420
10	3635	1658	1636	1348	1517
20	3941	1869	1798	1471	1616
30	4258	2080	1964	1598	1718
40	4586	2293	2136	1729	1823
50	4925	2522	2309	1864	1930
60	5275	2771	2488	2001	2040
70	5634	3020	2670	2143	2153
80	5996	3280	2858	2288	2268
90	6387	3551	3050	2437	2386
100	6778	3830	3245	2589	2506

Zur Auswertung der Meßergebnisse wurden zunächst die Meßpunkte (Tab. 22) in Gleichgewichtsdiagramme eingezeichnet (Abb. 47, 48). Als Abszisse war dabei die Zusammensetzung der Flüssigkeit, als Ordinate die des Dampfes aufgetragen, jeweils in Mol% der leichter flüchtigen Komponente. Da die Genauigkeit der Konzentrationsbestimmung aus der Erstarrungspunktmessung wegen der wechselnden Neigung der Eichkurve sehr unterschiedlich ist, wurden die Punkte stets in einer Größe gezeichnet, die einer Ungenauigkeit der Erstarrungspunktbestimmung

6*

von $\pm 0,1$ °C entspricht. Auf diese Weise gab das Diagramm gleichzeitig Aufschluß über die Zuverlässigkeit der einzelnen Meßwerte. Durch die so erhaltenen Meßpunkte wurden dann die Gleichgewichtskurven gezogen. Dabei war darauf zu achten, daß die Stetigkeit in Bezug auf die Abhängigkeit von der Konzentration, des Destillationsdrucks und der C-Zahl der Gemischpartner gewahrt blieb. Um diesen Forderungen zu genügen, mußten einige Punkte als Fehlmessungen angesehen werden und blieben deshalb unberücksichtigt. In die Gleichgewichtsdiagramme $C_{12}-C_{14}$ und $C_{14}-C_{16}$ sind auch die Kurven eingezeichnet, die sich bei idealem Verhalten der Gemische er-

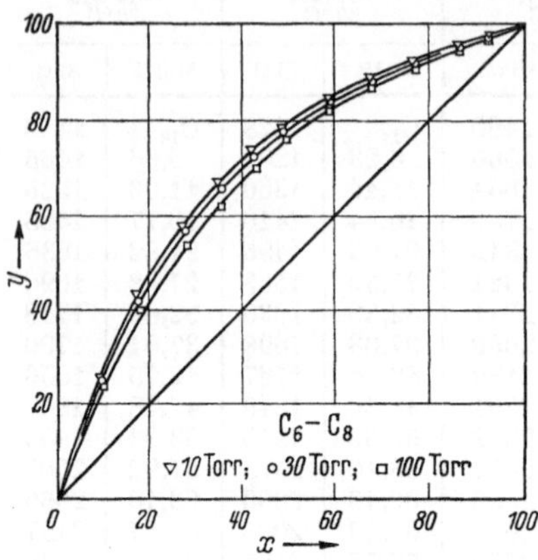

Abb. 47. Gleichgewichtskurven von Fettsäuren; Gemisch C_6-C_8; Meßpunkte erhalten durch Bestimmung der Brechungsindices

Tabelle 22. *Phasengleichgewichte von Fettsäuren*
Original-Meßwerte durch Bestimmung des Erstarrungspunktes

Gemisch: C_8-C_{10}, 3,6 Torr

Meß. P. Nr.	Fl.-Konz. E.P. gem.	Mol%	Dampf-Konz. E.P. gem.	Mol%	Siedetemperatur Thermo-Element	Thermo-meter	mittl. Temp.	α_{gem}
I	5,57	85,5	11,71	95,0	113,2	111,3	112,2	3,23
II	2,35	74,0	8,79	90,8	111,9	111,5	111,7	3,46
III	5,60	61,1	5,46	85,3	115,0	115,2	115,1	3,69
IV	7,17	52,0	3,25	78,6	118,5	118,2	118,4	3,39
V	28,23	7,3	23,75	18,6	129,1	128,3	128,7	2,90
VI	25,51	14,5	15,56	36,1	128,8	128,5	128,6	3,33
VII	19,32	28,3	6,27	55,5	122,5	122,0	122,3	3,16
VIII	15,88	35,5	4,72	65,6	120,7	121,8	121,3	3,45
IX	9,98	46,5	2,30	73,9	117,3	117,0	117,2	3,26

Gemisch: C_8-C_{10}, 20 Torr

Meß. P. Nr.	Fl.-Konz. E.P. gem.	Mol%	Dampf-Konz. E.P. gem.	Mol%	Siedetemperatur Thermo-Element	Thermo-meter	mittl. Temp.	α_{gem}
I	5,31	85,0	11,47	94,6	141,4	141,9	141,6	3,09
II	2,43	74,5	8,10	89,8	144,0	144,4	144,2	3,05
III	5,48	62,0	5,06	84,4	146,1	146,1	146,1	3,32
IV	6,27	55,5	3,32	79,0	148,0	147,7	147,8	3,05
V	28,07	8,0	23,47	19,5	161,1	161,4	161,2	2,79
VI	24,48	17,2	14,30	38,5	158,6	158,6	158,6	3,02
VII	18,86	29,2	6,21	56,0	154,2	154,3	154,3	3,09
VIII	14,84	37,5	5,04	64,1	151,9	151,9	151,9	2,98
IX	9,16	48,0	2,53	75,1	149,7	150,2	150,0	3,27

Abb. 48. Gleichgewichtskurven von Fettsäuren. Meßpunkte erhalten durch Bestimmung der Erstarrungspunkte. —— Gemessene Kurven; ——— Kurven für ideales Verhalten. Die Punkte sind so groß eingezeichnet, daß sie einer Fehlerbreite des Erstarrungspunktes von $\pm$ 0,1 °C entsprechen.

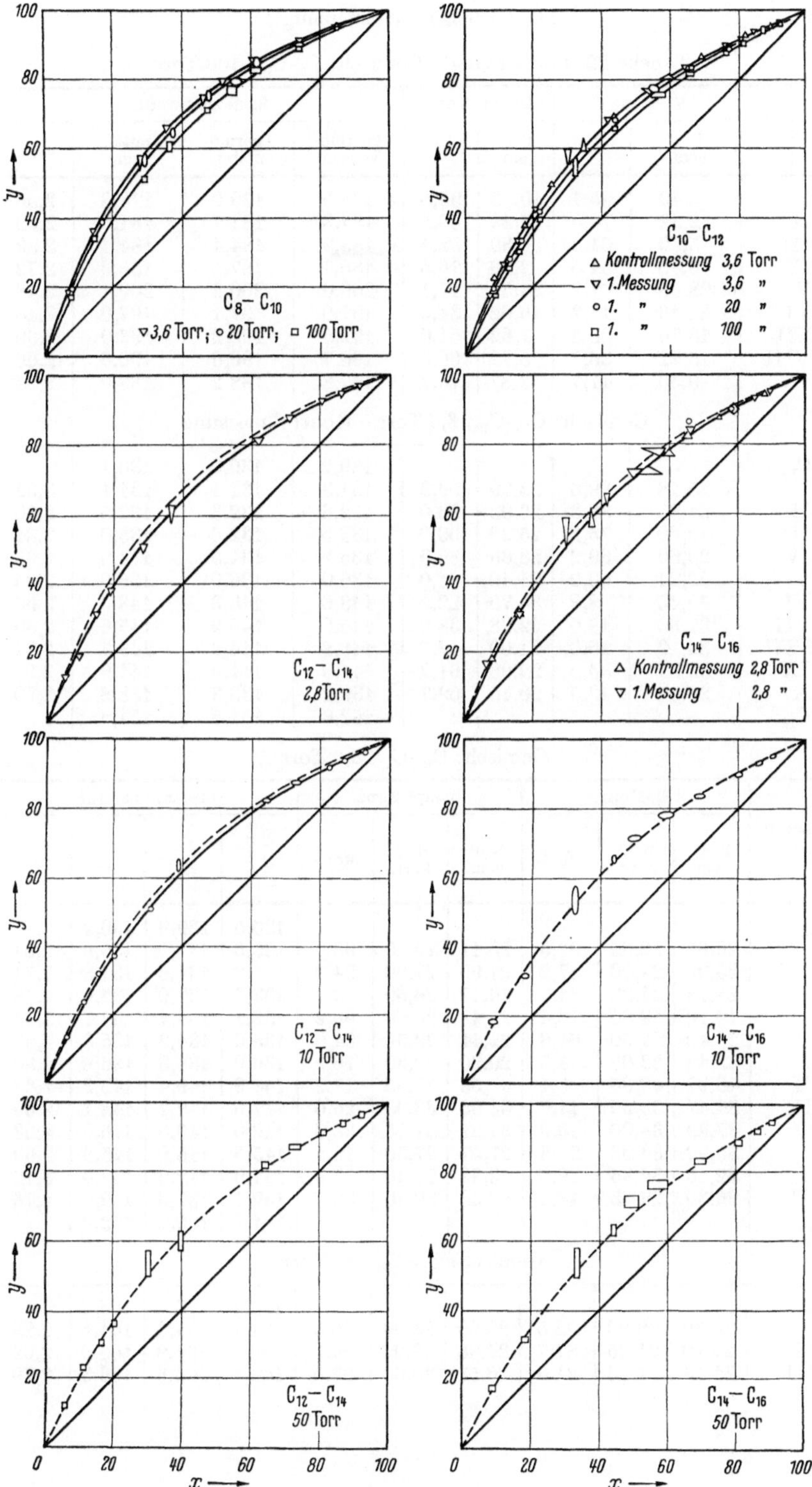

Abb. 48

Tabelle 22 (Fortsetzung). Gemisch: C_3–C_{10}, 100 Torr

Meß. P. Nr.	Fl.-Konz. E.P. gem.	Fl.-Konz. Mol%	Dampf-Konz. E.P. gem.	Dampf-Konz. Mol%	Siedetemperatur Thermo-Element	Siedetemperatur Thermo-meter	Siedetemperatur mittl. Temp.	α_{gem}
I	5,40	85,1	10,73	93,6	178,5	179,0	178,8	2,56
II	2,32	74,0	7,43	88,2	181,3	181,7	181,5	2,62
III	5,50	61,8	4,30	82,4	183,9	184,4	184,1	2,89
IV	6,43	54,5	2,79	76,5	186,7	187,1	186,9	2,72
V	28,08	7,7	24,50	17,1	200,0	200,2	200,1	2,48
VI	24,46	17,2	16,62	34,0	197,0	197,1	197,0	2,48
VII	18,70	29,5	7,62	51,0	192,5	193,2	193,0	2,50
VIII	15,22	36,7	5,72	60,3	190,7	190,6	190,6	2,65
IX	9,30	47,7	2,87	70,7	187,8	188,2	188,0	2,65

Gemisch: C_{10}–C_{12}, 3,6 Torr – Kontrollmessung

Meß. P. Nr.	Fl.-Konz. E.P. gem.	Fl.-Konz. Mol%	Dampf-Konz. E.P. gem.	Dampf-Konz. Mol%	Siedetemperatur Thermo-Element	Siedetemperatur Thermo-meter	Siedetemperatur mittl. Temp.	α_{gem}
C_{10}					130,2	130,0	130,1	
I	25,18	89,6	28,79	96,3	131,3	131,4	131,4	3,02
II	21,85	82,3	26,93	93,0	132,6	132,3	132,5	2,86
III	19,60	76,2	25,33	90,0	133,5	132,6	133,0	2,81
IV	20,60	69,2	23,66	86,9	135,2	134,5	134,9	2,95
V	22,21	60,0	21,40	81,0	136,0	136,0	136,0	2,85
VI	40,45	8,8	35,70	22,2	148,6	148,3	148,5	2,96
VII	37,30	18,0	29,28	38,0	145,9	145,2	145,6	2,80
VIII	34,19	26,0	24,00	49,7	143,2	144,2	143,7	2,81
IX	30,51	35,0	22,08	61,2	141,0	141,0	141,0	2,93
X	26,87	43,5	20,45	69,7	139,2	138,3	138,8	2,99
C_{12}					152,0	151,5	151,8	

Gemisch: C_{10}–C_{12}, 3,6 Torr

Meß. P. Nr.	Fl.-Konz. E.P. gem.	Fl.-Konz. E.P. korr.	Fl.-Konz. Mol%	Dampf-Konz. E.P. gem.	Dampf-Konz. E.P. korr.	Dampf-Konz. Mol%	Siedetemp. Thermo-Element	Siedetemp. Thermo-meter	Siedetemp. mittl. Temp.	α_{gem}
C_{10}							130,5	129,9	130,2	
I	26,65	26,65	92,5	29,11	29,10	96,9	130,5	131,0	130,8	2,61
II	23,96	24,00	87,2	27,90	27,90	94,8	131,8	131,8	131,8	2,71
III	21,18	21,30	81,0	26,47	26,50	92,2	133,2	132,0	132,6	2,78
IV	19,70	19,85	76,4	25,43	25,50	90,2	132,8	134,1	133,7	2,85
V	21,40	21,60	64,8	22,44	22,55	84,0	135,6	134,9	135,3	2,85
VI	22,42	22,65	54,3	20,20	20,30	76,9	136,9	136,8	136,8	2,80
VII	40,97	40,95	7,4	37,55	37,55	17,2	148,9	149,4	149,2	2,63
VIII	39,47	39,50	11,6	33,95	33,95	26,6	147,5	148,7	148,1	2,69
IX	37,89	38,00	16,0	31,21	31,25	33,3	146,0	146,0	146,0	2,63
X	35,92	36,05	21,3	27,47	27,50	42,1	145,5	145,0	145,2	2,69
XI	32,16	32,35	30,6	22,32	22,40	57,9	141,9	142,2	142,0	3,12
XII	26,30	26,55	44,1	20,68	20,80	86,5	139,7	139,6	139,6	2,76
C_{12}							151,7	152,2	152,0	

Gemisch: C_{10}–C_{12}, 10 Torr

Meß. P. Nr.	Fl.-Konz. E.P. gem.	Fl.-Konz. E.P. korr.	Fl.-Konz. Mol%	Dampf-Konz. E.P. gem.	Dampf-Konz. E.P. korr.	Dampf-Konz. Mol%	Siedetemp. Thermo-Element	Siedetemp. Thermo-meter	Siedetemp. mittl. Temp.	α_{gem}
C_{10}							163,2	163,4	163,3	
I	26,59	26,60	92,5	28,90	28,90	96,5	164,4	164,3	164,4	2,23
II	24,20	24,25	87,7	27,98	28,00	94,9	165,2	164,9	165,0	2,62
III	21,43	21,55	81,6	26,58	26,65	92,5	166,1	166,6	166,3	2,79

Tabelle 22 (Fortsetzung). Gemisch C_{10}–C_{12}, 10 Torr

Meß. P. Nr.	Fl.-Konz.			Dampf-Konz.			Siedetemperatur			
	E. P. gem.	E. P. korr.	Mol%	E. P. gem.	E. P. korr.	Mol%	Thermo-Element	Thermo-meter	mittl. Temp.	α_{gem}
IV	19,96	20,10	77,2	25,27	25,30	89,9	166,0	167,0	166,5	2,63
V	21,15	21,35	66,1	22,66	22,75	84,4	170,0	168,7	168,9	2,78
VI	22,33	22,60	55,1	20,23	20,25	77,7	171,1	171,0	171,0	2,84
VII	40,75	40,75	8,0	36,88	36,90	19,1	182,9	184,0	183,4	2,72
VIII	39,08	39,15	13,5	33,43	33,45	27,8	181,0	180,8	180,9	2,46
IX	37,59	37,70	16,8	31,19	31,25	33,3	180,3	180,7	180,5	2,45
X	35,58	35,75	22,1	27,60	27,65	41,7	178,5	179,3	179,0	2,53
XI	31,36	31,55	32,5	22,51	22,60	55,1	176,9	176,0	176,4	2,55
XII	26,22	26,45	44,3	20,62	20,70	69,0	173,6	173,3	173,4	2,80
C_{12}							186,4	186,0	186,2	

Gemisch: C_{10}–C_{12}, 100 Torr

Meß. P. Nr.	E. P. gem.	E. P. korr.	Mol%	E. P. gem.	E. P. korr.	Mol%	Thermo-Element	Thermo-meter	mittl. Temp.	α_{gem}
C_{10}							202,5	202,4	202,5	
I	26,81	26,80	92,7	28,73	28,75	96,3	203,9	203,5	203,7	2,05
II	24,22	24,25	87,8	27,55	27,55	94,2	205,0	204,6	204,8	2,26
III	21,51	21,60	81,7	26,31	26,35	90,9	206,0	205,4	205,7	2,24
IV	19,70	19,85	76,4	24,58	24,65	88,4	206,0	206,8	206,4	2,36
V	21,13	21,35	66,1	21,69	21,80	82,2	208,5	208,8	208,6	2,37
VI	222,6	22,50	56,5	19,60	19,70	75,9	210,3	210,5	210,4	2,42
VII	40,65	40,65	8,3	37,45	37,45	17,5	224,1	223,8	224,0	2,35
VIII	39,05	39,10	12,7	34,60	34,60	25,0	222,7	222,4	222,5	2,19
IX	37,79	37,90	16,2	32,51	32,55	30,1	221,8	221,4	221,6	2,23
X	35,52	35,65	22,3	28,58	28,65	39,7	219,4	219,9	219,6	2,29
XI	31,31	31,50	32,6	22,62	22,70	53,5	216,0	217,3	216,7	2,39
XII	26,12	26,35	44,5	21,16	21,25	66,7	212,7	213,4	213,0	2,49
C_{12}							226,5	227,1	226,8	

Gemisch: C_{12}–C_{14}, 2,8 Torr

Meß. P. Nr.	E. P. gem.	E. P. korr.	Mol%	E. P. gem.	E. P. korr.	Mol%	Thermo-Element	Thermo-meter	mittl. Temp.	α_{gem}
C_{12}							146,6	147,1	146,8	
I	39,85	39,85	92,9	41,55	41,55	96,5	147,9	147,5	147,8	2,10
II	37,09	37,15	87,1	40,46	40,45	94,2	148,9	148,0	148,5	2,41
III	34,93	35,05	81,5	39,52	39,55	92,3	148,7	149,5	149,1	2,72
IV	33,31	33,45	72,0	37,32	37,35	87,5	151,1	150,9	151,0	2,72
V	35,23	35,45	63,3	34,83	34,95	81,1	152,8	152,8	152,8	2,48
VI	52,18	52,18	5,5	49,98	50,00	13,1	165,4	164,8	165,6	2,59
VII	50,90	50,95	9,8	47,11	47,10	19,1	163,0	163,2	162,7	2,17
VIII	49,19	49,30	15,3	43,92	43,95	31,3	161,0	161,0	161,0	2,53
IX	48,07	48,20	19,8	41,94	42,00	36,0	161,1	160,5	160,8	2,28
X	44,51	44,70	29,3	36,37	36,45	50,0	158,0	158,2	158,1	2,41
XI	41,11	41,35	37,5	35,65	35,75	60,5	157,5	156,6	157,0	2,55
C_{14}							166,2	166,0	166,1	

Gemisch: C_{12}–C_{14}, 10 Torr

Meß. P. Nr.	E. P. gem.	E. P. korr.	Mol%	E. P. gem.	E. P. korr.	Mol%	Thermo-Element	Thermo-meter	mittl. Temp.	α_{gem}
C_{12}							170,8	171,1	170,0	
I	39,91	39,90	93,1	41,52	41,50	96,4	172,0	171,5	171,7	1,98
II	37,12	37,15	87,0	40,52	40,50	94,3	172,4	173,4	172,9	2,48
III	35,31	35,40	82,6	39,40	39,45	92,0	173,3	173,2	173,2	2,43
IV	33,46	33,60	72,7	37,47	37,45	87,7	174,8	175,9	175,3	2,68
V	35,03	35,25	64,5	35,27	35,35	82,5	176,2	176,2	176,2	2,59
VI	52,07	52,05	6,0	49,92	49,90	13,3	189,4	189,9	189,5	2,40
VII	50,47	50,50	11,3	46,70	46,70	23,4	188,0	188,5	188,3	2,40

Tabelle 22 (Fortsetzung). C_{12}–C_{14}, 10 Torr

Meß. P. Nr.	Fl.-Konz.			Dampf-Konz.			Siedetemperatur			
	E. P. gem.	E. P. korr.	Mol%	E. P. gem.	E. P. korr.	Mol%	Thermo-Element	Thermo-meter	mittl. Temp.	α_{gem}
VIII	48,87	48,95	16,4	43,70	43,75	31,7	186,5	186,8	186,7	2,36
IX	47,66	47,80	20,0	41,53	41,60	36,9	186,5	185,8	186,0	2,34
X	43,93	44,15	30,8	36,18	36,30	50,7	182,4	182,8	182,6	2,31
XI	40,56	40,80	38,9	35,30	35,40	63,5	180,9	181,2	181,0	2,73
C_{14}							191,3	191,6	191,4	

Gemisch: C_{12}–C_{14}, 50 Torr

Meß. P. Nr.	Fl.-Konz.			Dampf-Konz.			Siedetemperatur			
	E. P. gem.	E. P. korr.	Mol%	E. P. gem.	E. P. korr.	Mol%	Thermo-Element	Thermo-meter	mittl. Temp.	α_{gem}
C_{12}							208,1	208,6	208,3	
I	39,89	39,90	93,0	41,50	41,50	96,4	209,5	209,0	209,2	2,02
II	37,36	37,40	87,6	40,30	40,30	93,8	210,3	209,6	210,0	1,98
III	35,39	35,50	82,9	39,13	39,20	91,5	210,8	210,8	210,8	2,22
IV	33,50	33,65	73,2	37,11	37,15	87,1	213,0	212,4	212,7	2,47
V	34,88	35,10	65,2	35,08	35,20	82,0	214,6	213,4	214,0	2,43
VI	52,05	52,05	6,0	50,17	50,15	12,5	228,1	228,1	228,1	2,24
VII	50,40	50,45	11,5	46,68	46,70	23,5	226,6	226,6	226,6	2,37
VIII	48,69	48,80	16,9	43,98	44,05	31,0	225,1	225,1	225,1	2,21
IX	47,50	47,65	20,6	41,78	41,85	36,2	224,5	224,4	224,4	2,19
X	43,87	44,05	31,0	36,11	36,20	52,0	221,3	221,4	221,4	2,42
XI	40,27	40,50	39,6	35,69	35,80	60,0	219,6	219,4	219,5	2,29
C_{14}							230,0	230,5	230,2	

Gemisch: C_{14}–C_{16}, 2,8 Torr – Kontrollmessung

Meß. P. Nr.	Fl.-Konz.		Dampf-Konz.		Siedetemperatur			
	E. P.	Mol%	E. P.	Mol%	Thermo-Element	Thermo-meter	mittl. Temp.	α_{gem}
C_{14}					166,1	166,3	166,2	
I	59,85	8,0	57,25	18,0	181,4	184,2	182,8	2,53
II	57,72	16,2	53,05	31,6	178,9	179,3	179,2	2,39
III	51,05	37,4	46,70	59,0	176,1	174,0	175,0	2,41
IV	48,49	87,8	51,12	94,3	167,8	167,3	167,5	2,30
V	45,60	78,6	49,46	90,3	168,8	168,3	168,5	2,54
VI	44,75	74,4	48,30	87,5	169,2	168,3	169,7	2,41
VII	46,00	65,0	46,56	82,3	170,3	170,0	170,2	2,50
VIII	46,64	59,8	45,33	77,3	171,5	172,6	172,0	2,29
IX	47,00	54,0	44,90	72,5	173,5	172,4	173,0	2,24
C_{16}					184,7	184,3	184,5	

Gemisch: C_{14}–C_{16}, 2,8 Torr

Meß. P. Nr.	Fl.-Konz.			Dampf-Konz.			Siedetemperatur			
	E. P. gem.	E. P. korr.	Mol%	E. P. gem.	E. P. korr.	Mol%	Thermo-Element	Thermo-meter	mittl. Temp.	α_{gem}
C_{14}							167,2	167,3	167,2	
I	49,03	49,15	89,5	51,41	51,45	95,0	167,8	167,6	167,7	2,23
II	47,20	77,35	84,8	50,54	50,60	93,1	168,2	169,6	168,9	2,42
III	45,40	45,60	78,6	49,15	49,25	89,8	170,2	168,7	169,5	2,40
IV	45,62	45,85	66,2	46,95	47,05	83,9	170,2	171,8	171,0	2,60

Tabelle 22 (Fortsetzung). Gemisch: C_{14}–C_{16}, 2,8 Torr

Meß. P. Nr.	Fl.-Konz.			Dampf-Konz.			Siedetemperatur			α_{gem}
	E. P. gem.	E. P. korr.	Mol%	E. P. gem.	E. P. korr.	Mol%	Thermo-Element	Thermo-meter	mittl. Temp.	
V	46,53	46,85	57,0	45,20	45,35	77,5	171,8	172,8	172,3	2,60
VI	60,05	60,25	6,5	57,63	57,75	16,2	183,5	182,7	183,1	2,78
VII	57,42	57,70	16,4	53,24	53,35	30,8	183,5	180,7	181,1	2,27
VIII	53,26	53,65	30,0	46,80	46,95	55,0	177,8	176,8	177,3	2,86
IX	48,90	49,40	41,7	45,98	46,15	64,0	170,1	173,6	174,8	2,46
X	46,66	47,25	49,0	44,85	45,05	71,5	173,4	172,1	172,8	2,60
C_{16}							185,1	183,9	184,5	

Gemisch: C_{14}–C_{16}, 10 Torr

Meß. P. Nr.	Fl.-Konz.			Dampf-Konz.			Siedetemperatur			α_{gem}
	E. P. gem.	E. P. korr.	Mol%	E. P. gem.	E. P. korr.	Mol%	Thermo-Element	Thermo-meter	mittl. Temp.	
C_{14}							191,2	191,7	191,4	
I	49,29	49,40	90,1	51,48	51,55	95,2	193,0	192,3	192,6	2,18
II	47,58	47,75	86,0	50,71	50,75	93,4	193,1	193,0	193,0	2,31
III	45,70	45,90	79,9	49,27	49,35	90,0	194,8	193,9	194,3	2,26
IV	45,29	45,55	68,8	46,94	47,05	83,9	195,2	195,8	195,5	2,36
V	46,39	46,70	59,0	45,38	45,55	78,4	197,6	197,6	197,6	2,52
VI	59,60	59,80	8,2	57,12	57,20	18,2	208,7	208,7	208,3	2,49
VII	57,06	57,35	17,7	52,85	52,95	32,0	205,2	205,9	205,5	2,19
VIII	52,45	52,85	32,2	46,08	47,00	54,0	202,3	202,6	202,4	2,48
IX	48,17	48,65	43,5	45,79	45,95	65,5	200,0	200,8	200,4	2,47
X	46,62	47,20	49,5	44,76	44,95	72,0	199,0	200,1	199,5	2,62
C_{16}							210,5	211,3	210,9	

Gemisch: C_{14}–C_{16}, 50 Torr

Meß. P. Nr.	Fl.-Konz.			Dampf-Konz.			Siedetemperatur			α_{gem}
	E. P. gem.	E. P. korr.	Mol%	E. P. gem.	E. P. korr.	Mol%	Thermo-Element	Thermo-meter	mittl. Temp.	
C_{14}							230,0	231,0	230,5	
I	49,40	49,50	90,4	51,40	51,45	95,0	231,6	232,0	231,8	2,02
II	47,70	47,85	86,3	50,33	50,40	92,6	232,7	231,9	232,3	1,99
III	45,81	46,00	80,3	49,06	49,15	89,5	233,6	233,7	233,6	2,09
IV	45,09	45,35	69,6	46,89	47,00	83,8	235,2	234,9	235,0	2,26
V	46,49	46,80	58,0	45,07	45,20	76,8	236,7	237,1	236,9	2,39
VI	59,48	59,70	8,6	57,38	57,50	17,1	248,7	248,1	248,4	2,19
VII	56,80	57,10	18,6	53,06	53,15	31,4	245,5	246,2	245,8	2,00
VIII	52,00	52,40	33,5	46,87	47,00	54,0	241,5	242,4	242,0	2,33
IX	47,96	48,45	44,2	46,11	46,25	63,0	240,8	239,1	240,0	2,15
X	46,67	47,25	49,0	44,90	45,10	71,2	239,2	239,8	239,3	2,57
C_{16}							251,2	251,1	251,1	

geben würden (Tab. 23). Für die Gleichgewichte C_{12}–C_{14} bei 50 Torr und C_{14}–C_{16} bei 10 und 50 Torr war innerhalb der Streuung der Meßpunkte keine Abweichung vom idealen Verhalten mehr festzustellen. Die ausgezogenen Gleichgewichtskurven lieferten dann die gemittelten Meßwerte, die in Tab. 24 zusammengestellt sind. Die daraus berechneten α-Wertkurven sind in die Diagramme der Abb. 49 eingetragen. Außerdem enthalten diese Diagramme für jede Gleichgewichtsmessung die entsprechende α-Wertkurve für ideales Verhalten.

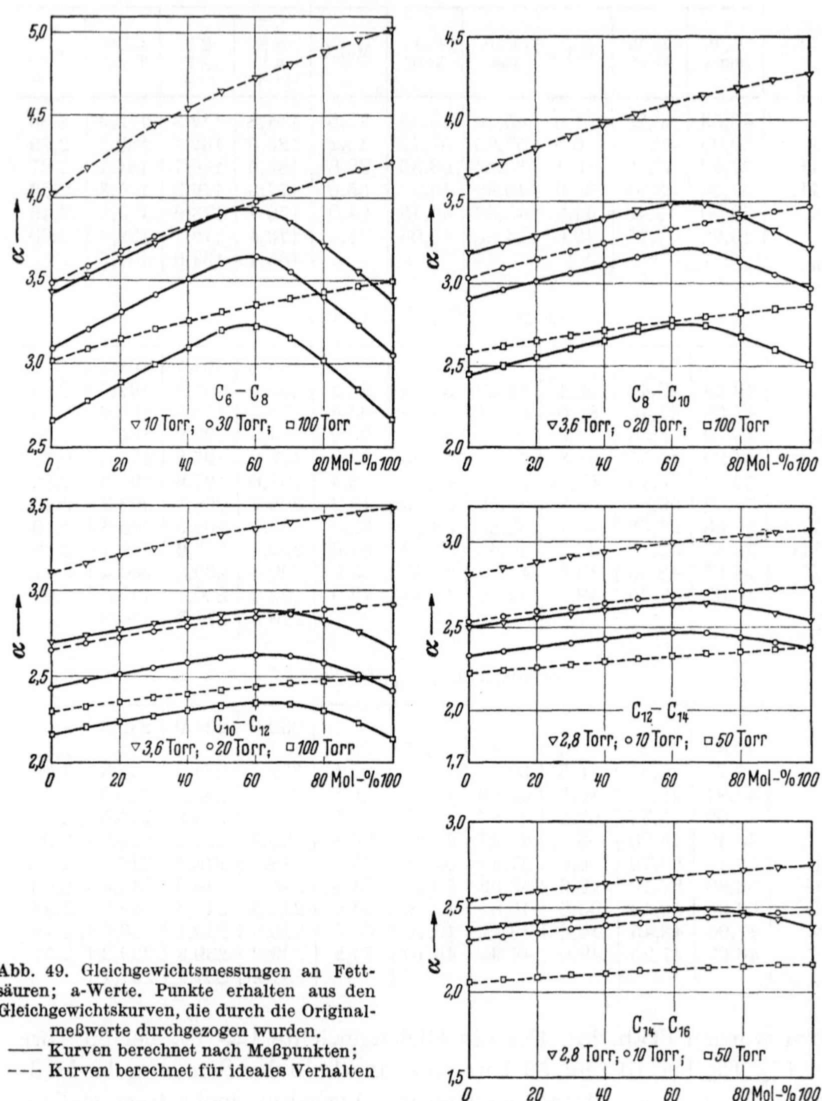

Abb. 49. Gleichgewichtsmessungen an Fett-
säuren; a-Werte. Punkte erhalten aus den
Gleichgewichtskurven, die durch die Original-
meßwerte durchgezogen wurden.
—— Kurven berechnet nach Meßpunkten;
– – – Kurven berechnet für ideales Verhalten

Schließlich wurden aus den gemessenen Siedetemperaturen die Siede-
und Taupunkte in Diagramme eingezeichnet (Abb. 50). Die ausgezogenen
Linien dieser Diagramme stellen die Kurven dar, die für ideales Verhalten

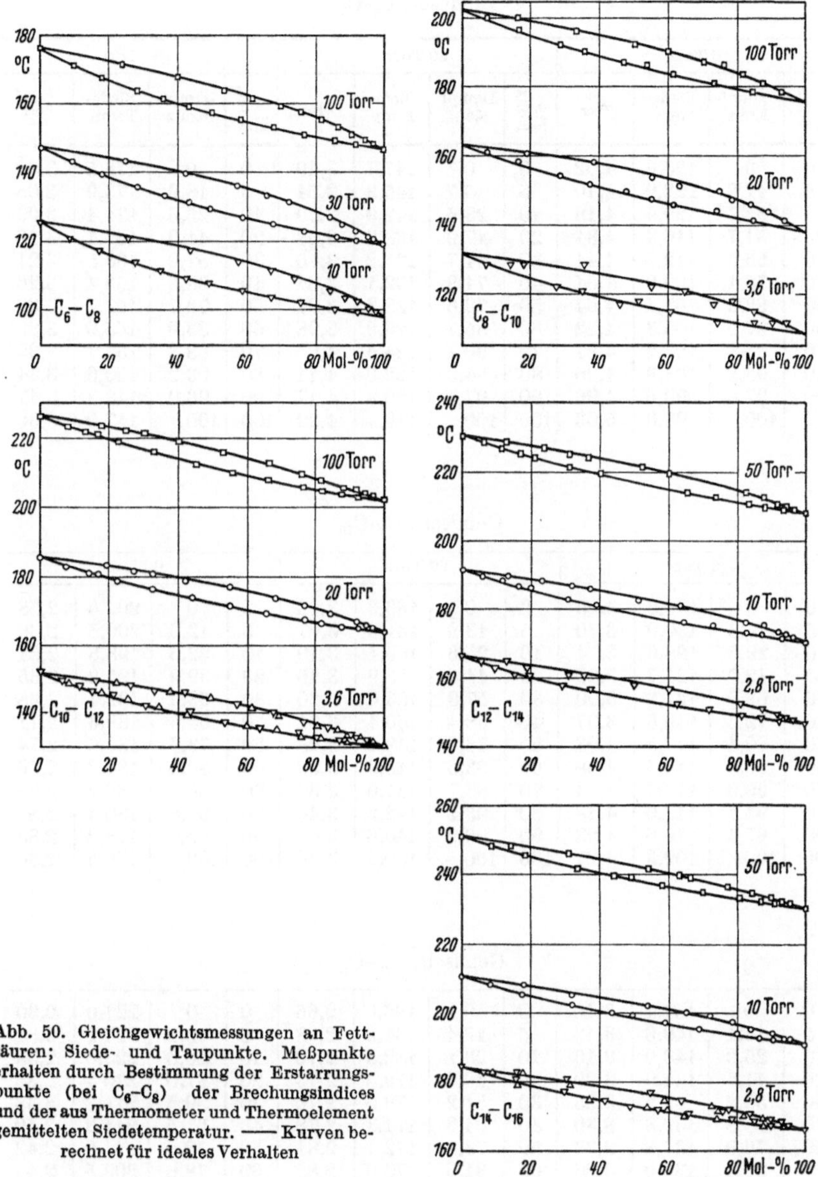

Abb. 50. Gleichgewichtsmessungen an Fettsäuren; Siede- und Taupunkte. Meßpunkte erhalten durch Bestimmung der Erstarrungspunkte (bei C_6-C_8) der Brechungsindices und der aus Thermometer und Thermoelement gemittelten Siedetemperatur. —— Kurven berechnet für ideales Verhalten

aus den Dampfdrucken nach den Gesetzen von RAOULT und DALTON berechnet wurden (Tab. 23).

Tabelle 23. *Phasengleichgewichte von Fettsäuren*
aus Dampfdrucken berechnete (ideale) Werte

Gemisch: C_6–C_8

	10 Torr				30 Torr				100 Torr		
Fl.-Konz.	Dampf-Konz.	Siede-Temp.	α_{ber}	Fl.-Konz.	Dampf-Konz.	Siede-Temp.	α_{ber}	Fl.-Konz.	Dampf-Konz.	Siede-Temp.	α_{ber}
0	0	125,6	4,02	0	0	147,7	3,49	0	0	176,5	3,02
5	17,8	122,9	4,10	5	15,7	145,3	3,54	5	13,9	173,9	3,05
10	31,7	120,5	4,18	10	28,5	142,9	3,59	10	25,6	171,4	3,09
20	51,7	116,3	4,31	20	47,9	138,8	3,68	20	44,0	167,1	3,15
30	65,5	112,7	4,44	30	61,7	135,2	3,76	30	57,9	163,5	3,21
40	75,1	109,8	4,54	40	71,9	132,1	3,84	40	68,5	160,4	3,26
50	82,3	107,4	4,64	50	79,6	129,3	3,91	50	76,7	157,7	3,30
60	87,6	105,3	4,72	60	85,7	126,8	3,98	60	83,0	155,0	3,35
70	91,8	103,2	4,81	70	90,4	124,6	4,05	70	88,8	152,7	3,39
80	95,2	101,3	4,90	80	94,3	122,6	4,11	80	93,2	150,6	3,44
90	97,8	99,6	4,96	90	97,4	120,8	4,17	90	96,9	148,8	3,47
100	100	98,0	5,03	100	100	119,1	4,22	100	100	147,0	3,50

Gemisch: C_8–C_{10}

	3,6 Torr				20 Torr				100 Torr		
Fl.-Konz.	Dampf-Konz.	Siede-Temp.	α_{ber}	Fl.-Konz.	Dampf-Konz.	Siede-Temp.	α_{ber}	Fl.-Konz.	Dampf-Konz.	Siede-Temp.	α_{ber}
0	0	131,9	3,65	0	0	163,3	3,03	0	0	202,5	2,58
5	16,3	130,0	3,70	5	13,9	161,3	3,07	5	12,0	200,5	2,60
10	29,3	128,0	3,74	10	25,6	159,4	3,10	10	22,5	198,8	2,61
20	49,0	124,7	3,82	20	44,0	125,9	3,15	20	39,9	195,2	2,65
30	62,6	121,8	3,90	30	57,9	153,0	3,20	30	53,5	192,1	2,68
40	72,6	119,5	3,97	40	68,4	150,4	3,24	40	64,4	189,3	2,71
50	80,1	117,5	4,03	50	76,6	148,1	3,28	50	73,3	186,6	2,74
60	86,0	115,4	4,09	60	83,3	145,9	3,33	60	80,5	184,3	2,76
70	90,6	113,6	4,14	70	88,7	144,0	3,36	70	86,7	182,2	2,79
80	94,4	112,0	4,18	80	93,2	142,2	3,40	80	91,8	180,1	2,81
90	97,4	110,6	4,23	90	96,9	140,6	3,43	90	96,2	178,2	2,83
100	100	109,3	4,27	100	100	139,1	3,46	100	100	176,5	2,86

Gemisch: C_{10}–C_{12}

	3,6 Torr				20 Torr				100 Torr		
Fl.-Konz.	Dampf-Konz.	Siede-Temp.	α_{ber}	Fl.-Konz.	Dampf-Konz.	Siede-Temp.	α_{ber}	Fl.-Konz.	Dampf-Konz.	Siede-Temp.	α_{ber}
0	0	151,4	3,10	0	0	186,0	2,65	0	0	227,0	2,30
5	14,1	149,6	3,12	5	12,4	184,2	2,68	5	10,8	225,2	2,31
10	25,9	148,0	3,15	10	23,1	182,5	2,70	10	20,6	223,5	2,33
20	44,4	144,9	3,20	20	40,6	179,5	2,73	20	37,0	220,4	2,35
30	58,2	142,2	3,25	30	54,2	176,6	2,76	30	50,5	217,2	2,38
40	68,8	139,8	3,30	40	64,9	174,3	2,78	40	61,5	214,3	2,40
50	76,9	137,8	3,33	50	73,8	172,1	2,81	50	70,8	211,9	2,42
60	83,4	136,0	3,36	60	81,0	170,0	2,83	60	78,6	209,5	2,44
70	88,8	134,3	3,40	70	87,0	168,0	2,86	70	85,1	207,6	2,45
80	93,2	132,7	3,43	80	92,0	166,3	2,89	80	90,8	205,9	2,47
90	96,9	131,3	3,46	90	96,3	164,8	2,91	90	95,7	204,1	2,49
100	100	130,1	3,49	100	100	163,4	2,93	100	100	202,5	2,50

Tabelle 23 (Fortsetzung). Gemisch C_{12}–C_{14}

Fl.-Konz.	Dampf-Konz.	Siede-Temp.	α_{ber}	Fl.-Konz.	Dampf-Konz.	Siede-Temp.	α_{ber}	Fl.-Konz.	Dampf-Konz.	Siede-Temp.	α_{ber}
	2,8 Torr				10 Torr				50 Torr		
0	0	166,3	2,80	0	0	191,3	2,53	0	0	230,5	2,22
5	13,0	164,7	2,83	5	11,8	189,8	2,55	5	10,5	229,0	2,23
10	24,0	163,2	2,48	10	22,2	188,3	2,56	10	19,9	227,4	2,24
20	41,8	160,4	2,87	20	39,3	145,5	2,59	20	36,2	224,4	2,26
30	55,5	158,0	2,91	30	52,8	183,1	2,61	30	49,3	221,8	2,27
40	66,2	155,9	2,94	40	63,7	180,8	2,63	40	60,4	219,4	2,29
50	74,8	154,0	2,97	50	72,7	178,8	2,66	50	69,8	217,2	2,31
60	81,8	152,5	2,99	60	80,1	177,0	2,68	60	77,7	215,1	2,32
70	87,5	150,9	3,01	70	86,1	175,2	2,70	70	84,5	213,1	2,34
80	92,4	149,5	3,03	80	91,6	173,7	2,71	80	90,3	211,4	2,35
90	96,5	148,2	3,05	90	96,1	172,4	2,73	90	95,5	209,8	2,37
100	100	147,0	3,07	100	100	171,0	2,75	100	100	208,2	2,39

Gemisch: C_{14}–C_{16}

Fl.-Konz.	Dampf-Konz.	Siede-Temp.	α_{ber}	Fl.-Konz.	Dampf-Konz.	Siede-Temp.	α_{ber}	Fl.-Konz.	Dampf-Konz.	Siede-Temp.	α_{ber}
	2,8 Torr				10 Torr				50 Torr		
0	0	184,4	2,54	0	0	210,6	2,31	0	0	251,0	2,05
5	11,8	183,0	2,55	5	10,9	209,1	2,32	5	9,8	249,5	2,06
10	22,2	181,6	2,57	10	20,6	207,8	2,33	10	18,7	248,0	2,07
20	39,3	179,2	2,59	20	37,0	205,3	2,35	20	34,2	245,4	2,08
30	52,8	177,0	2,62	30	50,5	203,0	2,37	30	47,4	243,0	2,10
40	63,8	175,1	2,64	40	61,4	201,0	2,39	40	58,4	240,8	2,11
50	72,7	173,4	2,66	50	70,6	199,1	2,40	50	68,0	238,8	2,12
60	80,0	171,8	2,67	60	78,4	197,3	2,42	60	76,2	236,8	2,13
70	86,2	170,2	2,69	70	85,1	195,7	2,44	70	83,3	235,0	2,14
80	91,6	168,8	2,71	80	90,7	194,1	2,45	80	89,6	233,3	2,15
90	96,1	167,6	2,73	90	95,7	192,7	2,47	90	95,1	231,8	2,16
100	100	166,4	2,74	100	100	191,3	2,48	100	100	230,5	2,17

Tabelle 24. *Phasengleichgewichte von Fettsäuren*
gemittelte Meßwerte
Gemisch: C_6–C_8

Fl.-Konz.	Dampf-Konz.	Siede-Temp.	α_{gem}	Fl.-Konz.	Dampf-Konz.	Siede-Temp.	α_{gem}	Fl.-Konz.	Dampf-Konz.	Siede-Temp.	α_{gem}
	10 Torr				30 Torr				100 Torr		
0	0	125,6	3,44	0	0	147,7	3,09	0	0	176,5	2,66
5	15,5	122,9	3,48	5	14,2	145,3	3,15	5	12,5	173,9	2,71
10	28,2	120,5	3,53	10	26,2	142,9	3,20	10	23,5	171,4	2,76
20	47,6	116,3	3,63	20	45,2	138,8	3,30	20	41,8	167,1	2,87
30	61,5	112,7	3,72	30	59,4	135,2	3,41	30	56,1	163,5	2,98
40	71,4	109,8	3,82	40	70,1	132,1	3,51	40	67,4	160,4	3,09
50	79,6	107,4	3,91	50	78,3	129,3	3,61	50	76,2	157,7	3,20
60	85,5	105,3	3,93	60	84,5	126,8	3,64	60	83,0	155,0	3,25
70	90,0	103,2	3,86	70	89,3	124,6	3,57	70	88,1	152,7	3,18
80	93,7	101,3	3,72	80	93,1	122,6	3,40	80	92,4	150,6	3,02
90	97,0	99,6	3,55	90	96,7	120,8	3,23	90	96,2	148,8	2,84
100	100	98,0	3,38	100	100	111,9	3,06	100	100	147,0	2,68

Tabelle 24 (Fortsetzung). Gemisch: C_8-C_{10}

	3,6 Torr				20 Torr				100 Torr		
Fl.-Konz.	Dampf-Konz.	Siede-Temp.	α_{gem}	Fl.-Konz.	Dampf-Konz.	Siede-Temp.	α_{gem}	Fl.-Konz.	Dampf-Konz.	Siede-Temp.	α_{gem}
0	0	131,9	3,18	0	0	163,3	2,91	0	0	202,5	2,45
5	14,4	130,0	3,20	5	13,4	161,3	2,93	5	11,5	200,5	2,47
10	26,5	128,0	3,24	10	24,7	159,4	2,96	10	21,7	198,8	2,50
20	45,1	124,7	3,29	20	42,9	155,9	3,01	20	38,9	195,2	2,55
30	58,9	121,8	3,34	30	56,7	153,0	3,06	30	52,6	192,1	2,60
40	69,3	119,5	3,39	40	67,4	150,4	3,11	40	63,8	189,3	2,65
50	77,5	117,3	3,44	50	76,0	148,1	3,16	50	72,8	186,6	2,70
60	83,9	115,4	3,48	60	82,8	145,9	3,20	60	80,4	184,3	2,74
70	89,0	113,6	3,48	70	88,2	144,0	3,20	70	86,5	182,2	2,74
80	93,2	112,0	3,41	80	92,6	142,2	3,13	80	91,4	180,2	2,67
90	96,8	110,6	3,33	90	96,5	140,6	3,05	90	95,9	178,2	2,59
100	100	109,3	3,21	100	100	139,1	2,96	100	100	176,5	2,50

Gemisch: $C_{10}-C_{12}$

	3,6 Torr				20 Torr				100 Torr		
0	0	151,4	2,69	0	0	186,0	2,44	0	0	227,0	2,16
5	12,5	149,6	2,70	5	11,5	184,2	2,46	5	10,3	225,2	2,18
10	23,2	148,0	2,73	10	21,6	182,5	2,48	10	19,6	223,5	2,20
20	40,9	144,9	2,76	20	38,5	179,5	2,52	20	35,8	220,4	2,24
30	54,5	142,2	2,80	30	52,2	176,6	2,55	30	49,3	217,2	2,27
40	65,4	139,8	2,83	40	63,2	174,3	2,58	40	60,5	214,3	2,30
50	74,1	137,8	2,86	50	72,3	172,1	2,61	50	70,0	211,9	2,33
60	81,2	136,0	2,88	60	79,7	170,0	2,62	60	77,9	209,5	2,35
70	87,0	134,3	2,87	70	85,9	168,0	2,62	70	84,5	207,6	2,34
80	91,9	132,7	2,83	80	91,2	166,3	2,58	80	90,2	205,9	2,30
90	96,1	131,3	2,76	90	95,7	164,8	2,51	90	95,2	204,1	2,23
100	100	130,1	2,67	100	100	163,4	2,42	100	100	202,5	2,14

Gemisch: $C_{12}-C_{14}$

	2,8 Torr				10 Torr				50 Torr		
0	0	166,3	2,48	0	1	191,3	2,33	0	0	230,5	2,22
5	11,6	164,7	2,50	5	11,0	189,8	2,34	5	10,5	129,0	2,23
10	21,9	163,2	2,52	10	20,7	188,9	2,35	10	19,9	227,4	2,24
20	38,9	160,4	2,55	20	37,3	185,5	2,38	20	36,2	224,4	2,26
30	52,4	158,0	2,57	30	50,7	183,1	2,40	30	49,3	221,8	2,27
40	63,4	155,9	2,60	40	61,8	180,8	2,42	40	60,4	219,4	2,29
50	72,3	154,0	2,62	50	71,0	178,8	2,45	50	69,8	217,2	2,31
60	79,8	152,5	2,63	60	76,7	177,0	2,46	60	77,7	215,1	2,32
70	86,0	150,9	2,64	70	85,2	175,2	2,47	70	84,5	213,1	2,34
80	91,2	149,5	2,61	80	90,7	173,7	2,44	80	90,3	211,4	2,35
90	95,9	148,2	2,58	90	95,6	172,4	2,41	90	95,5	209,8	2,37
100	100	147,0	2,55	100	100	171,0	2,39	100	100	208,2	2,39

Gemisch: $C_{14}-C_{16}$

	2,8 Torr				10 Torr				50 Torr		
0	0	184,4	2,37	0	0	210,6	2,31	0	0	251,0	2,05
5	11,1	183,0	2,39	5	10,9	209,1	2,32	5	9,8	249,5	2,06
10	21,0	181,7	2,39	10	20,6	207,8	2,33	10	18,7	248,0	2,07
20	37,6	179,2	2,41	20	37,0	205,3	2,35	20	34,2	245,4	2,08
30	51,0	177,0	2,43	30	50,5	203,0	2,37	30	47,4	243,0	2,10

Tabelle 24 (Fortsetzung). Gemisch: C_{14}–C_{16}

2,8 Torr				10 Torr				50 Torr			
Fl.-Konz.	Dampf-Konz.	Siede-Temp.	α_{ber}	Fl.-Konz.	Dampf-Konz.	Siede-Temp.	α_{ber}	Fl.-Konz.	Dampf-Konz.	Siede-Temp.	α_{ber}
40	62,0	175,1	2,45	40	61,4	201,0	2,39	40	58,4	240,8	2,11
50	71,2	173,3	2,47	50	70,6	199,1	2,40	50	68,0	238,8	2,12
60	78,9	171,8	2,49	60	78,4	197,3	2,42	60	76,2	236,8	2,13
70	85,3	170,3	2,49	70	85,1	195,7	2,44	70	83,3	235,0	2,14
80	90,9	168,9	2,47	80	90,7	194,1	2,45	80	89,6	233,3	2,15
90	95,7	167,6	2,43	90	95,7	192,7	2,47	90	95,1	231,8	2,16
100	100	166,4	2,38	100	100	191,3	2,48	100	100	230,5	2,17

g) Diskussion der Ergebnisse der Gleichgewichtsmessungen

Aus den durchgeführten Gleichgewichtsmessungen mit Fettsäure-gemischen resultieren zunächst folgende Ergebnisse:

1. Die Übereinstimmung der gemessenen und berechneten Siedepunkte der Fettsäuregemische ist als sehr gut zu bezeichnen.
2. Die gemessenen Gleichgewichtskurven stimmen mit den berechneten nur teilweise überein und zwar bei dem Gemisch C_{12}–C_{14} bei 50 Torr und bei C_{14}–C_{16} oberhalb 10 Torr.
3. Die α-Wert-Kurven haben ein Maximum, das besonders bei dem Gemisch C_6–C_8 stark ausgeprägt ist und bei den Gemischen höherer Säuren immer mehr verflacht.
4. Die gemessenen α-Werte weichen von den aus den Dampfdruckkurven berechneten ab, und zwar sind die gemessenen stets kleiner als die berechneten. Die Abweichungen verringern sich mit zunehmender Kettenlänge und zunehmendem Druck.

Damit kann die Gleichung $\int\limits_{0}^{1} \log \frac{\alpha_{gem}}{\alpha_{ber}}\, dx = 0$ nicht erfüllt werden, denn sie setzt voraus, daß sich die Kurven für die berechneten und gemessenen α-Werte schneiden. Aus diesem Grunde ist es zwecklos, Aktivitätskoeffizienten zu berechnen, denn man würde eine positive und eine negative γ-Kurve erhalten. Die gemessenen Werte sind also thermodynamisch nicht konsistent. Der Grund dafür könnte in einer Assoziation der Fettsäuremoleküle liegen [31, 49, 51]. Diese Assoziation ist sowohl zwischen den beiden gleichartigen als auch zwischen den ungleichartigen Molekülen möglich. Sie kann in der flüssigen wie in der dampfförmigen Phase stattfinden. Durch diese vielen Variationsmöglichkeiten wird es sehr schwierig, aus den Gleichgewichtsmessungen Aussagen über den Assoziationsgrad zu machen.

Dagegen ist die Frage der Assoziation der Fettsäuren schon im Zusammenhang mit anderen Problemen Gegenstand wissenschaftlicher Forschung gewesen. Zunächst war es wichtig, die Frage der Dampfassoziation zu klären, wenn Dampfdrucke nach der Mitführungsmethode gemessen werden sollen. Diese Messungen setzen die genaue Kenntnis des Molekulargewichtes voraus, das im Falle einer Assoziation verändert werden würde. So wurden von Jantzen u. Mitarb. [*61, 62*] Kontrollmessungen durchgeführt, in denen die Dampfdrucke einmal direkt mittels Manometer und zum anderen indirekt durch Mitführung (meist mit Wasser-

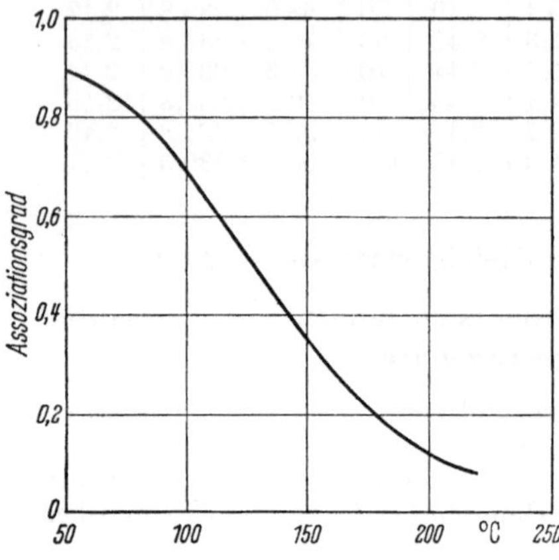

Abb. 51. Assoziation der Fettsäuren in der flüssigen Phase in Abhängigkeit von der Temperatur (aus der Arbeit von D. Szabó)

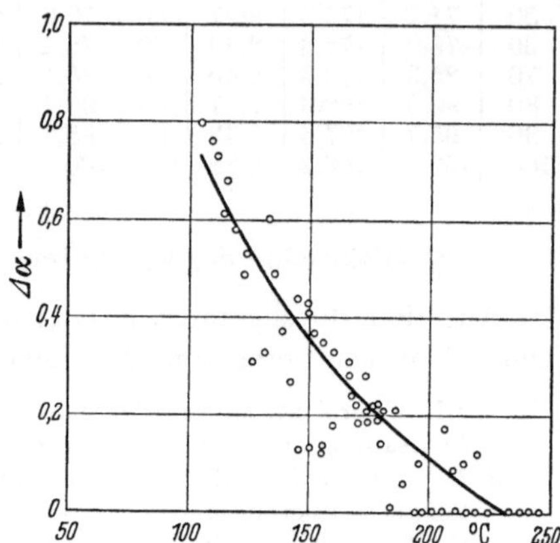

Abb. 52. Differenz zwischen berechneten und gemessenen α-Werten aufgetragen gegen die jeweilige Siedetemperatur

stoff) gemessen wurden. Die Werte stimmten innerhalb der Fehlergrenze überein, so daß der Schluß zulässig war, daß die höheren Fettsäuren in der Dampfphase monomolekular sind.

Einen anderen Weg, um Aussagen über die Assoziation zu erhalten, beschritt Szabó [*49*] durch Aufnahme der Infrarotspektren. Dabei fand er, daß der Assoziationsgrad in der Dampfphase mit steigendem Molekulargewicht stark abnimmt und bei C_{12} etwa 0,01 beträgt. Für die flüssige Phase dagegen ergaben die Messungen, daß die Assoziation weitgehend unabhängig von der Kettenlänge ist und praktisch nur von der Temperatur bestimmt wird. Für eine Lösung der Fettsäuren in Paraffin von einer Konzentration von 0,1 Mol/kg wird bei 20 °C ein Assoziationsgrad von nahezu 1 angegeben, der bis zu einer Temperatur von 220 °C auf etwa 0,25 abfällt (Abb. 51). Wenn dies auch für lösungsmittelfreie Säuren zutrifft, wird man für die Abweichung vom idealen Verhalten die Assoziation der Fettsäuremolekeln in der Flüssigkeit verantwortlich machen können. Besonders bemerkenswert ist in diesem Zusammenhang das Diagramm der Abb. 52 und Tab. 25, in dem die Differenzen zwischen gemessenen und berechneten α-Werten gegen die Temperatur ohne Rücksicht auf die verschiedenen Gemische und Drucke aufgetragen sind. Man erhält innerhalb einer gewissen Streuung eine Kurve, die sehr ähnlich

Tabelle 25. *Phasengleichgewichte von Fettsäuren*
$\alpha_{ber}-\alpha_{gem}$ in Abhängigkeit von der Temperatur

Kleinster Druck			Mittlerer Druck			Höchster Druck			Gemischart
%	t	$\Delta\alpha$	t	$\Delta\alpha$	t	$\Delta\alpha$			
20	116,3	0,68	138,8	0,37	167,1	0,28	C_6-C_8
40	109,8	0,73	132,1	0,33	160,4	0,16	
60	105,3	0,80	126,8	0,31	155,0	0,12	
80	101,3	1,17	122,6	0,49	150,6	0,41	
20	124,7	0,53	155,9	0,14	195,2	0,10	C_8-C_{10}
40	119,5	0,58	150,4	0,13	189,3	0,06	
60	115,4	0,61	145,9	0,13	184,3	0,01	
80	112,0	0,78	142,2	0,27	180,1	0,14	
20	144,9	0,44	179,5	0,22	220,4	0,12	C_{10}-C_{12}
40	139,8	0,46	174,3	0,21	214,3	0,10	
60	136,0	0,49	170,0	0,22	209,5	0,09	
80	132,7	0,60	166,3	0,31	205,9	0,17	
20	160,4	0,33	185,5	0,21	224,4	0	C_{12}-C_{14}
40	155,9	0,35	180,8	0,21	219,4	0	
60	152,5	0,37	177,0	0,22	215,1	0	
80	149,5	0,43	173,7	0,28	211,4	0	
20	179,2	0,19	205,3	0	245,4	0	C_{14}-C_{16}
40	175,1	0,19	201,0	0	240,8	0	
60	171,8	0,19	197,3	0	236,8	0	
80	168,9	0,24	194,1	0	233,3	0	

verläuft wie die von SZABÓ angegebene für die Assoziation in der flüssigen Phase (Abb. 51).

Im Zusammenhang mit den hier durchgeführten Messungen müssen auch die Ergebnisse einer Arbeit von ACCIARRI [50] diskutiert werden, der das Gemisch C_6-C_8 vermessen hat. Er verwendete eine GILLESPIE-Apparatur, arbeitete also auch nach dem *Cottrell-pump*-Prinzip. Nachdem er mit einer normalen Apparatur Ergebnisse bekommen hatte, deren α-Werte erheblich unter den berechneten lagen, vergrößerte er die *Cottrell-pump* zweimal, so daß dem Dampf-Flüssigkeits-Gemisch wesentlich mehr Zeit blieb, sich ins Gleichgewicht zu setzen. Bei der letzten Versuchsreihe erhielt er Werte, die den theoretisch berechneten sehr nahe kommen. Einen entsprechenden Wert erhielt er nach einem statischen Verfahren. ACCIARRI zieht daraus den Schluß, daß bei den Fettsäuren der Dampf eine verhältnismäßig lange Zeit braucht, um sich mit der Flüssigkeit ins Gleichgewicht zu setzen. So zwingend diese Folgerung auf Grund seiner Versuchsergebnisse auch zunächst zu sein scheint (die eigenen Messungen stehen dazu in qualitativer Hinsicht nicht im Widerspruch), so ergeben sich doch Bedenken, die im folgenden diskutiert werden sollen.

Bisher ging man bei allen Gleichgewichtsmessungen von der Voraussetzung aus, daß eine Flüssigkeit stets den Dampf aussendet, mit dem sie im Gleichgewicht steht. Nur bei stark stoßenden Gemischen rechnete

man damit, daß eine kleine Flüssigkeitsmenge spontan verdampft. Nun
sieden zwar die Fettsäuren nicht ganz gleichmäßig, doch wurde z.B. bei
dem Gleichgewicht Methyl-naphthalin/Undecanol ein viel stärkeres Stoßen beobachtet. Trotzdem waren die Messungen thermodynamisch konsistent. Andererseits müßten die Abweichungen – wollte man die Hypo-
these ACCIARRIS aufrechterhalten – noch größer sein, wenn die Messungen
in einer Apparatur ohne *Cottrell-pump* durchgeführt werden, wie das
WITGERT [*61*] und MONICK [*250*] getan haben. Die Unterschiede sind jedoch unbedeutend. Aus neueren Untersuchungen von GRASSMANN u.
Mitarb. [*251, 252*] geht auch hervor, daß Dampfblasen im Augenblick
ihres Eintritts in die Flüssigkeit schon den größten Teil ihres Stoffaus-
tausches vollziehen. Dagegen wäre es möglich, daß in dem großen und
weiten, mit Füllkörpern gefüllten Rohr der *Cottrell-pump* ein Gegenstrom-
austausch mit der an den Füllkörpern haftenden Flüssigkeit stattfindet.
Durch diese Rektifikationswirkung könnten höhere α-Werte vorgetäuscht
werden. Der eine übereinstimmende Wert nach dem statischen Verfahren
dürfte als Kontrollmessung zu wenig sein; darüber hinaus wurde auch
nicht angegeben, ob und wie die Meßmethode auf ihre Verläßlichkeit
überprüft wurde. Es ist auch kaum verständlich, warum gerade nur bei
Fettsäuren diese Erscheinungen auftreten sollten, während sie bei anderen Gemischen bisher niemals beobachtet wurden. Es wird noch ein-
gehender Untersuchungen bedürfen, um diese Erscheinung eindeutig zu
klären. Für die praktische Auswertung der Phasengleichgewichte zur
Berechnung von Destillationskolonnen ist die Frage jedoch von geringe-
rer Bedeutung, weil die Aufenthaltszeiten, mit denen ACCIARRI in seiner
Apparatur arbeitete, auf einem Kolonnenboden nicht realisierbar sind.
Für die Kolonnenberechnung müssen deshalb Gleichgewichtswerte verwandt werden, bei deren Messung Dampf und Flüssigkeit etwa so viel
Zeit zum Austausch hatten, wie in einer technischen Kolonne zur Verfügung steht. Das ist bei der hier verwendeten Apparatur gewährleistet.

Ein Vergleich der eigenen Meßergebnisse mit denen anderer Autoren
ist in Abb. 53, Tab. 26 dargestellt. Wie man sieht, zeigt sich in der Richtung der Abweichung vom idealen Verhalten eine Übereinstimmung. Die
gemessenen α-Werte sind auch dort stets niedriger als die berechneten.
Ziemlich gut ist die Übereinstimmung mit den Werten von WITGERT [*61*]
für das Gemisch $C_{12}-C_{14}$ und mit den Werten von WILLIAMS u. OSBURN
[*253*] für das Gemisch $C_{14}-C_{16}$.

Dagegen stimmen die Werte von MONICK [*250*] sowie von WILLIAMS
u. OSBORN [*253*] für das Gemisch $C_{12}-C_{14}$ nur bei den Meßpunkten im
mittleren Bereich mit den eigenen Messungen überein, während in Richtung hoher oder niedriger Konzentrationen Abweichungen festzustellen
sind. Obwohl die Messungen der beiden Autoren untereinander gut übereinstimmen, muß an ihrer Richtigkeit doch stark gezweifelt werden, denn

man käme sonst zu grotesken Folgerungen. Da die Abweichung vom idealen Verhalten mit abnehmender Kettenlänge immer größer werden muß, würde bei konsequenter Extrapolation für das Gemisch C_8-C_{10} oder C_6-C_8 bereits ein Azeotrop mit Maximumsiedepunkt auftreten. Ein

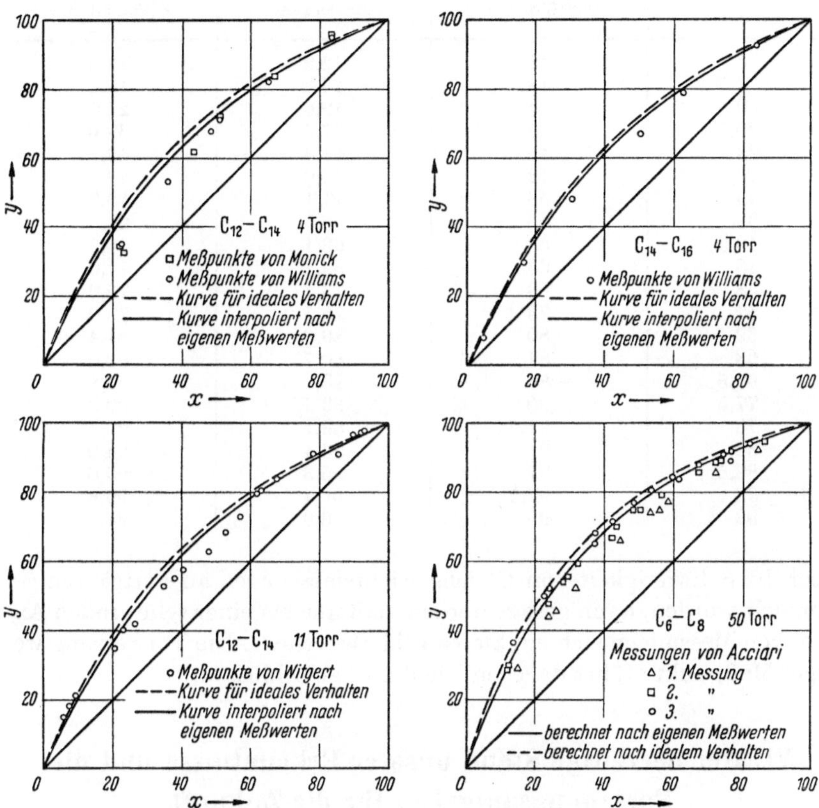

Abb. 53. Gleichgewichtsmessungen an Fettsäuren. Vergleich der eigenen Messungen mit denen anderer Autoren

solches Verhalten steht aber im Gegensatz zu den eigenen und fremden Meßwerten [*50, 51, 61, 250*] und allgemeinen Erfahrungen.

Die Ursache dieser unterschiedlichen Resultate ist allerdings schwer festzustellen. Die Ergebnisse der Gleichgewichtsmessungen hängen von so vielen Einflußgrößen ab, wie Reinheit der Substanzen, Konstruktion der Gleichgewichtsapparatur, Arbeitstechnik, Probenanalyse, daß ihre Auswirkung nicht ohne weiteres zu übersehen ist. Außerdem sind Einzelheiten besonders in bezug auf die Arbeitstechnik in den Veröffentlichungen nicht angegeben. Nach den Erfahrungen, die im Verlauf dieser Arbeit

Tabelle 26. *Phasengleichgewichte von Fettsäuren*
Vergleich der eigenen Messungen mit denen anderer Autoren
Gemisch: C_{12}–C_{14}, 11 Torr

Flüssigkeits-konzentration	Dampfkonzentration		
	Meßpunkte von WITGERT	ber. nach eigenen Messungen	ber. für ideales Verhalten
6	15	12,9	13,9
7,5	18	13,3	14,4
9,5	21	19,6	21,0
20,5	35	37,9	39,0
23	40	41,3	43,4
26,5	42	46,0	48,3
35	53	56,3	58,3
38	55	59,5	61,5
40,5	58	62,1	64,0
48	63	69,2	71,0
53	69	73,5	75,0
57	73	76,5	78,0
62	80	80,0	81,4
63	81	80,7	82,0
67,5	84	83,6	84,8
77,5	90	89,4	90,3
78	91,5	89,7	90,5
86	91	93,4	94,0
89,5	97	95,3	95,8
92	97,5	96,4	96,9
93	98	96,9	97,2

über die Schwierigkeit von Gleichgewichtsmessungen an Fettsäuren ge-
sammelt wurden, kann gesagt werden, daß nur bei einer sehr großen Anzahl von Messungen sich ein klares Bild abzeichnet. Die Verwertung weniger Meßpunkte führt dagegen leicht zu Fehlschlüssen.

VI. Der derzeitige Stand unserer Erkenntnisse und die Forschungsaufgaben für die Zukunft

Die Ergebnisse der vorliegenden Arbeit lassen erkennen, daß die Vermessung der Dampfflüssigkeits-Phasengleichgewichte von Fettsäuren erheblich größere Schwierigkeiten bereitet als bei den meisten anderen
Stoffen. Schon die Herstellung der Substanzen ist, wenn man an die
Reinheit sehr hohe Anforderungen stellen muß, nur mit großem Arbeits-
aufwand möglich. Die genaue Konzentrationsbestimmung wird erschwert,
weil die Fettsäuren als Glieder einer homologen Reihe sich in allen physikalischen Eigenschaften naturgemäß – besonders bei den höheren Gliedern – sehr ähnlich sind. Nach den hier gesammelten Erfahrungen dürfte
die Messung des Erstarrungs- oder Schmelzpunktes die zuverlässigsten
Werte für eine Konzentrationsbestimmung bieten. Allerdings muß da-

bei in Kauf genommen werden, daß in den Bereichen zwischen 50 und 60% sowie zwischen 70 und 75% die Genauigkeit der Bestimmung stark abfällt. Die größte Schwierigkeit liegt jedoch darin, daß bei den erforderlichen hohen Temperaturen leicht Zersetzungen auftreten, die die Konzentrationsbestimmung verfälschen. Deshalb können an die bisher mitgeteilten Meßergebnisse der Fettsäuren nicht die Genauigkeitsanforderungen gestellt werden, die man für andere Gleichgewichtsmessungen fordern muß. Die zur Probe vermessenen Phasengleichgewichte Aceton/Benzol und 2-Methyl-naphthalin/Undecanol haben gezeigt, daß mit der neuen Apparatur Gleichgewichtsmessungen größter Genauigkeit mit geringerem Aufwand jedoch möglich sind.

Es ist unter diesen Umständen schwierig, die Frage zu entscheiden, ob die beobachteten Abweichungen vom idealen Verhalten durch Ungenauigkeit der Messung zu erklären sind, oder ob sich die Fettsäuren tatsächlich nicht ideal verhalten. Normalerweise pflegt man die Gleichgewichte aus Gliedern homologer Reihen immer ideal anzunehmen. Wollte man diese Annahme unter allen Umständen aufrechterhalten, so müßten die oben erwähnten Fehlermöglichkeiten für die Abweichung verantwortlich gemacht werden. Hiergegen sprechen jedoch triftige Gründe:

1. Die Abweichungen streuen nicht um die berechneten Werte, sondern sie haben bei allen 15 vermessenen Gleichgewichten die gleiche Richtung: die gemessenen α-Werte sind kleiner als die berechneten.

2. Die Zersetzung und damit Verfälschung der Meßergebnisse ist am größten bei den höchsten Gliedern der Reihe und bei den höchsten Siedetemperaturen (höchsten Drucken). Die Abweichung vom idealen Verhalten ist umgekehrt am größten bei den niedrigsten Gliedern und den niedrigsten Siedetemperaturen (niedrigsten Drucken).

3. Die Messungen, die unter größtmöglicher thermischer Schonung der Substanzen nur bei dem niedrigsten Druck durchgeführt wurden, stimmen gut mit den anderen Messungen überein.

4. Die Abweichungen vom idealen Verhalten zeigen eine deutliche Abhängigkeit von der Temperatur, die nur wenig von der Änderung des Gemisches und des Druckes beeinflußt wird. Die so erhaltene Abweichungskurve ist der von SZABÓ [49] durch Messung des Infrarotspektrums erhaltenen Kurve für den Assoziationsgrad außerordentlich ähnlich.

Unter diesen Umständen ist es kaum möglich, alle Differenzen zwischen den gemessenen und berechneten Werten mit Meßfehlern zu erklären. Wahrscheinlich ist die Schlußfolgerung, daß die Fettsäuren in ihrem Siedeverhalten nicht ideal sind und sie auch keine thermodynamisch konsistenten Gleichgewichtskurven haben; der Grund dafür dürfte in Assoziationen in der flüssigen Phase zu suchen sein [225]. Für die praktische Anwendung der Phasengleichgewichte, nämlich die Berechnung technischer Destillationskolonnen, sind diese Abweichungen allerdings nur von geringer Bedeutung. Bei einer technischen Destillation wird in einem Temperaturbereich von 180—250 °C gearbeitet. In diesem Gebiet sind jedoch die Abweichungen vom idealen Verhalten nur sehr gering; die gemessenen α-Werte sind um 0,1 bis 0,2 geringer als die berechneten. Es dürfte also genügen, Rücklaufverhältnisse und Bodenzahl nach dem idealen Verhalten zu berechnen und die errechneten Zahlen um 5—10% zu erhöhen. Diese Aufschläge liegen durchaus in dem Bereich, der bei der Berechnung technischer Anlagen üblich ist.

Die hier mitgeteilten Ergebnisse über das Siedeverhalten der Fettsäuren stehen im Widerspruch zu der allgemeinen Auffassung, daß Glieder homologer Reihen immer ideales Verhalten zeigen. Es wird deshalb noch weiterer Forschungsarbeit bedürfen, um endgültige Klarheit über dieses Problem zu gewinnen. Zunächst müssen die von ACCIARRI [50] mitgeteilten Meßergebnisse überprüft werden. Nach ihnen sendet ein siedendes Fettsäuregemisch (C_6—C_8) zunächst einen Dampf aus, der erheblich weniger von der leichter siedenden Komponente enthält, als sich nach dem RAOULTschen Gesetz berechnet. Nach einer gewissen Zeit (etwa 1—2 sek) setzt sich dieser Dampf aber mit der Flüssigkeit ins Gleichgewicht (wenn er nicht von ihr getrennt wird) und hat dann genau die berechnete Zusammensetzung. Sollte sich diese Angabe bestätigen, so müßten viele bisher bestehende Ansichten über die Vorgänge bei der Destillation korrigiert werden. Es wäre dann weiterhin zu prüfen, ob diese Erscheinung sich nur auf die Fettsäuren beschränkt und welche speziellen physikalischen oder chemischen Eigenschaften dafür verantwortlich zu machen wären.

Außerdem müßte die hier mitgeteilte Beobachtung über die Differenz zwischen den gemessenen und berechneten α-Werten überprüft werden. In konsequenter Extrapolation der Abweichungskurve (Abb. 52) müßten sich für Temperaturen unter 100 °C noch größere Differenzen ergeben. Die Ergebnisse folgender Gleichgewichtsmessung dürften deshalb von größtem Interesse sein:

C_6—C_8 bei 3 Torr,	C_2—C_4 bei 20, 100, 760 Torr,
C_4—C_6 bei 3, 20, 100, 760 Torr	C_2—C_3 bei 20, 100, 760 Torr.

Bei diesen Messungen hätte man den Vorteil, daß Fehler durch Hitzezersetzung nicht zu erwarten sind und daß die physikalischen Daten bei den Säuren mit kurzer Kettenlänge sich erheblich mehr unterscheiden.

Für die Reindarstellung der Fettsäuren wäre es wahrscheinlich leichter, die auf etwa 90% angereicherten Substanzen zunächst einer Hydrierung zu unterwerfen und dann durch Destillation auf die gewünschte Reinheit zu bringen. Die schwierige Abtrennung der ungesättigten Isomeren würde damit fortfallen.

VII. Zusammenfassung

Die vorliegende Arbeit berichtet über die Ergebnisse von Dampf-Flüssigkeits-Phasengleichgewichtsmessungen an Fettsäuren.

Für die Destillation zur Reindarstellung der Substanzen wurde eine vollautomatische Destillationskolonne verwendet, die im Einzelnen beschrieben ist. Die Fettsäuren C_{14} und C_{16} wurden außerdem noch durch Kristallisation gereinigt.

Zur Gleichgewichtsmessung wurde eine Apparatur entwickelt, bei deren Konstruktion alle bisher bekannten Fehlerquellen Berücksichtigung fanden.

Zur Testung dieser Apparatur wurden die Gleichgewichte Aceton/Benzol sowie 2-Methyl-naphthalin/Undecanol vermessen und die erhaltenen Werte mit thermodynamischen Methoden geprüft.

Die Gleichgewichtsmessung an Fettsäuren erstreckte sich auf folgende Gemische: C_6-C_8, C_8-C_{10}, $C_{10}-C_{12}$, $C_{12}-C_{14}$ und $C_{14}-C_{16}$. Jedes Gemisch wurde bei drei Drucken vermessen.

Die Konzentration wurde durch Messung des Erstarrungspunktes bestimmt. (Nur bei C_6-C_8 wurde der Brechungsindex verwendet.) Beim Vermessen der höheren Glieder, wo Hitzezersetzung nicht mehr ganz zu vermeiden ist, liefert diese Methode immer noch genügend genaue Konzentrationsangaben, während die Brechungsindices so stark verändert werden, daß man sie zur Konzentrationsbestimmung nicht mehr verwenden kann.

Da zur Auswertung der Messungen genaue Dampfdruckdaten notwendig sind, wurden die aus der Literatur entnommenen Werte innerhalb der homologen Reihe überprüft. Dabei konnte eine Formel entwickelt werden, welche die Dampfdruckkurven der höheren Fettsäuren genau wiedergibt.

Die Ergebnisse der Gleichgewichtsmessungen an Fettsäuren zeigen geringe Abweichungen vom idealen Verhalten, und zwar sind die gemessenen α-Werte kleiner als die berechneten. Die Differenz vergrößert sich mit fallender Temperatur. Da die Kurven für $\alpha_{\text{berechnet}}$ und α_{gemessen} sich nicht schneiden, sind die Gleichgewichte thermodynamisch nicht konsistent. Der Grund dafür liegt wahrscheinlich in einer Assoziation der Fettsäuren in der flüssigen Phase.

Schrifttum

[1] v. Rechenberg, C.: Einfache und fraktionierte Destillation in Theorie und Praxis, Miltitz bei Leipzig: Selbstverlag Schimmel & Co. 1923, S. 1–592.

[2] Young, S., u. W. Prahl: Theorie und Praxis der Destillation. Springer: Berlin 1932, S. 29–113.

[3] van Laar, J. J.: Die Thermodynamik einheitlicher Stoffe und binärer Gemische. Groningen: P. Noordhoff 1935.

[4] Robinson, C. S., u. E. R. Gilliland: Elements of fractional distillation, New York: McGraw Hill 1950, S. 3–100.

[5] Kortüm, G., u. H. Buchholz-Meisenheimer: Die Theorie der Destillation und Extraktion von Flüssigkeiten, Berlin/Göttingen/Heidelberg: Springer 1952.

[6] Haase, R.: Thermodynamik der Mischphasen, Berlin: Springer 1956.

[7] Hála, E., J. Pick, V. Fried u. O. Vilím: Rovnováha Kapalina-Pára, Prag: Nakladatelství českoslov. akad. věd. 1955; Vapour-Liquid equilibrium, London: Pergamon Press 1958.

[8] Paris, A.: Les procédés de rectification dans l'industrie chimique, Paris: Dunod 1959, S. 3–149.

[9] Osburn, O. J.: Chem. Engng. 63 (1956) Nr. 11, S. 233–226; Nr. 12, S. 211 bis 216; 64 (1957) Nr. 1, S. 242–250; Nr. 2, S. 270–278.

[10] Prigogine, I.: The molecular theory of solutions, Amsterdam: North Holland Publishing Comp. 1957.

[11] Rowlinson, J. S.: Liquids and liquid mixtures, London: Butterworth Scientific Publications 1959.

[12] Böhm, E.: Die Destillation der Fettsäuren, Stuttgart: Wissenschaftl. Verlagsges. 1932.

[13] Schlenker, B. E.: Destillation der Fettsäuren, aus Hefter, G., u. H. Schönfeld: Chemie und Technologie der Fette und Fettprodukte, Bd. II, Wien: Springer 1937, S. 508–552.

[14] Bailey, A. E.: Industrial oil and fat products, 2. Aufl., New York: Interscience Publishers Inc. 1951, S. 881–888.

[15] Schwitzer, M. K.: Continuous processing of fats, London: Leonhard Hill Ltd. 1952, S. 226–236.

[16] Haskó, L.: Zsírok és olajok kémiája és technológiája (Chemie und Technologie der Öle und Fette), Élelmiszeripari és begyüjtési, Könyv-és Lapkia dó vállalat 1954, S. 630–634.

[17] Pattison, E. S.: Industrial fatty acids and their applications, New York: Reinhold Publishing Corp. 1959, S. 19–28.

[18] Wurster, O. H.: Chem. metallurg. Engng. 25 (1921) S. 651–656.

[19] Lee, C. A.: Chem. Engng. 63 (1956) Nr. 7, S. 189–194.

[20] Muckerheide, V. J.: J. Amer. Oil Chemists' Soc. 29 (1952) S. 490–495.

[21] Burrow, K.: Trans. Instn. chem. Engr. 31 (1953) S. 250–264.

[22] Schlenker, E.: Seifen-Öle-Fette-Wachse 81 (1955) S. 285–287.

[23] Garrigue, J. R., I. T. E. R. G. Semaine de la Savonnerie 20.–25. 6. 1955, S. 49–65.

[24] Colgate – Palmolive Peet Comp. (Erf. M. H. ITTNER), A. P. 2.357.829 v. 23. 7. 1940, ert. 12. 9. 1944; L. HABICHT: Fette Seifen einschl. Anstrichmittel 54 (1952) S. 217–221.

[25] Metallbank A. G., DRP 369.721; Metallgesellschaft A. G., DRP 744.815 vom 10. 2. 1942, ert. 25. 11. 1943; A. P. 2.179.833 vom 14. 11. 1935; A. P. 2.224.025 vom 3. 12. 1940; A. P. 2.695.869 vom 12. 5. 1950, ert. 30. 11. 1954.

[26] WECKER, E.: DRP 397.332, E. P. 213.267, A. P. 1.126.126 (1927); E. M. SCHÖNBERGER: Fette und Seifen 43 (1936) S. 109–112.

[27] BERGER, R. W.: J. Amer. Oil Chemists' Soc. 29 (1952) S. 81–87, siehe auch Chem. Engng. 59 (1952) Nr. 11, S. 228, 230, 232.

[28] WHITE, F. B.: Chem. Engng. 59 (1952) Nr. 1, S. 163; Foster Wheeler Limited, E. P. 727.614 vom 29. 12. 1952, ert. 6. 4. 1955.

[29] STAGE, H.: Fette und Seifen einschl. Anstrichmittel 55 (1953) S. 217–224, S. 284–290, S. 375–380.

[30] CHRISTENSEN, S. B.: Ingeniøren 62 (1953) S. 866–871.

[31] RIGAMONTI, R.: Fette Seifen einschl. Anstrichmittel 56 (1954) S. 1–8; Olii minerali, Grassi Saponi, Colori Vernici 31 (1954) S. 62–71.

[32] FICHOUX, A.: Oléagineux 6 (1951) S. 483–487, Rev. franç. Corps gras 3 (1956) S. 504–517.

[33] GLOVER, S. W.: J. Amer. Oil Chemists' Soc. 27 (1950) S. 462–467.

[34] POTTS, R. H.: J. Amer. Oil Chemists' Soc. 33 (1956) S. 545–548.

[35] POTTS, R. H., u. G. W. BRIDE: Chem. Engng. 57 (1950) Nr. 2, S. 124–127.

[36] POTTS, R. H., u. E. H. CHAPIN: Heat Engineering 21 (1946) S. 50–54 (April, Mai).

[37] POTTS, R. H. u. F. B. WHITE: J. Amer. Oil Chemists' Soc. 30 (1953) S. 49 bis 53.

[38] HOLT, A. B. u. F. B. WHITE: Heat Engineering 27 (1952) S. 110–113 (Juli).

[39] Chem. Engng. 55 (1948) Nr. 2, S. 146–149; 56 (1949) Nr. 7, S. 128–131; 57 (1950) Nr. 2, S. 172–175; 59 (1952) Nr. 2, S. 252, 254.

[40] KENYON, R. L., D. V. STINGLEY u. H. P. YOUNG: Ind. Engng. Chem. 42 (1950) S. 202–213.

[41] Manufact. Chemist 21 (1950) Nr. 2, S. 78–80.

[42] ALTERMAN, G. B. u. M. G. MORKOWKIN: Oel- u. Fett-Ind. (russ.) 25 (1959) Nr. 4, S. 1–3; Nr. 6, S. 38–43.

[43] STALMANN, G.: Seifen-Öle-Fette-Wachse 85 (1959) S. 650–652.

[44] TOLMAN, L. M. u. S. GORANFLO: Oil and Soap 12 (1953) Nr. 2, S. 26–29; A. P. 1.951.241 vom 11. 2. 1932, ert. 13. 3. 1934.

[45] PERÉDI, J.: Elelmezési Ipar 11 (1957) S. 189–194.

[46] Armour & Co: A. P. 2.054.056 vom 15. 9. 1936; 2.212.127 vom 20. 8. 1940; 2.224.925, 2.224.926, 2.224.984, 2.224.986 vom 17. 12. 1940; 2.304.842 vom 1942; 2.322.056 vom 15. 6. 1943; 2.450.611, 2.450.612 vom 5. 10. 1948; 2.573.727 vom 6. 11. 1951; 2.627.500 vom 3. 2. 1953; 2.674.570 vom 6. 4. 1954; E. P. 640.244 vom 19. 7. 1950; E. P. 721.454 vom 5. 1. 1955.

[47] SCHULZE, W.: Z. physik. Chem. 197 (1951) S. 105–115.

[48] BRANDT, H.: Z. physik. Chem. N. F. 2 (1955) S. 104.

[49] SZABÓ, D.: Associatie en dampspanning van stearinezuur en andere vetzuren, Diss., Delft 1956; Recueil Trav. chim. Pays-Bas 76 (1957) S. 628–646.

[50] ROSE, A., J. A. ACCIARRI u. E. T. WILLIAMS: Chem. engng. Data Series 3 (1958) S. 210–212.

[51] JANTZEN, E.: Das Siedeverhalten aus: H. P. KAUFMANN, Analyse der Fette und Fettprodukte, Bd. I, Berlin: Springer-Verlag 1958, S. 675–709, speziell S. 687.

[52] MARKLEY, K. S.: Fatty acids, their chemistry and physical proporties, New York: Interscience Publishers 1947, S. 85–87, S. 122–124, S. 205–207.

[53] CARLSON, H. C. u. A. P. COLBURN: Ind. Engng. Chem. 34 (1942) S. 581–589.

[54] HERINGTON, E. F. G.: Nature 160 (1947) S. 610–611.

[55] REDLICH, O. u. A. T. KISTER: Ind. Engng. Chem. 40 (1948) S. 341–348.

[56] VAN LAAR, J. J.: Z. physik. Chem. 72 (1910) S. 723–751; 83 (1913) S. 599 bis 560.

[57] MARGULES, M.: S.-B. Akad. Wiss. Wien, math.-naturwiss. Kl., Abt. IIb, 104 (1895) S. 1243–1278.

[58] GRONDAL, B. J. u. D. A. ROGERS: Oil and Soap 21 (1944) S. 303–305.

[59] PAQUOT, C. u. J. PETIT: Bull. Soc. chim. France (1952) S. 139–140.

[60] SCHUETTE, H. A. u. H. A. VOGEL: Oil and Soap 22 (1945) S. 238–240; 16 (1939) S. 209–212; 17 (1940) S. 155–157; A. E. BAILEY: Melting and Solidification of Fats, New York: Interscience Publishers 1950.

[61] WITGERT, H.: Diss., T. H. Aachen 1933; E. JANTZEN u. H. WITGERT: Fette und Seifen 46 (1939) S. 563.

[62] JANTZEN, E. u. W. ERDMANN: Fette u. Seifen einschl. Anstrichmittel 54 (1952) S. 197–201.

[63] POOL, E. O. u. A. W. RALSTON: Ind. Engng. Chem., ind. Edit. 34 (1942) S. 1104–1105.

[64] SPIZZICHINO, C.: Thèses, Paris: Univ. 1955.

[65] A. P. I.-Projekt 44, Tabelle 212 K vom 31. 10. 1955.

[66] ZUIDERWEG, F. J.: Chem. Engng. Sci. 1 (1952) S. 174–193.

[67] JANTZEN, E. u. O. WIECKHORST: Chemie-Ing.-Techn. 26 (1954) S. 392–396.

[68] KLIPPEL, G.: Destilliersäulen zum Arbeiten bei niederen Drucken, Diss., Hamburg 1958.

[69] KUHN, W.: Chemie-Ing.-Techn. 29 (1957) S. 6–16.

[70] CARNEY, T. P.: Laboratory fractional distillation, New York: Macmillan 1949, S. 131–135.

[71] GLASEBROOK, A. L. u. R. E. WILLIAMS: Ordinary fractional distillation aus: Technique of organic chemistry, Bd. 4, S. 268–273, New York: Interscience Publishers Inc. 1951.

[72] KRELL, E.: Handbuch der Laboratoriumsdestillation, Berlin: Deutscher Verlag der Wissenschaften 1958, S. 420–421.

[73] COULSON, E. A. u. E. F. G. HERINGTON: Laboratory distillation practice, London: George Newnes Ltd. 1958, S. 41–42.

[74] ABEGG, H.: Chimia [Zürich] 6 (1952) S. 258–267.

[75] KOLLING, H. u. H. TRAMM: Chemie-Ing.-Techn. 21 (1949) S. 9–14.

[76] FRENCH, K. H. V., L. W. BARNARD n. S. CLAXTON: Nat. Benzol Ass. Res. Paper Nr. 1 (1947) S. 464–469; (1949) Nr. 1; J. Soc. chem. Ind. 69 (1950) Suppl. 2, S. 60–65.

[77] BRANDT, H. u. H. RÖCK: Chemie-Ing.-Techn. 25 (1953) S. 511–514.

[78] KOLLING, H.: Chemie-Ing.Techn. 24 (1952) S. 405–511.

[79] BRAUER, H.: Chemie-Ing.-Techn. 29 (1957) S. 520–530, S. 785–790.

[80] STAGE, H.: Chemie-Ing.-Techn. 22 (1950) S. 374–375.

[81] ULUSOY, E.: Chemiker-Ztg. 79 (1955) S. 46–48.

[82] BRANDT, H., H. RÖCK u. F. LANGERS: Chemie-Ing.-Techn. 29 (1957) S. 86 bis 91.

[83] BAKER, E. M., R. O. H. HUBBARD, J. H. HUGUET u. S. S. MICHALOWSKI: Ind. Engng. Chem., ind. Edit. 31 (1939) S. 1260–1262.

[84] COLLINS, F. C. u. V. LANTZ: Ind. Engng. Chem., analyt. Edit. 18 (1946) S. 673–677.

[85] DIEHL, J. M. u. I. HART: Analytic. Chem. 21 (1949) S. 530–531.

[86] FERGUSON jr., B.,:Ind. Engng. Chem., analyt. Edit. 14 (1942) S. 493–496.

[87] HEPP, H. J. u. D. E. SMITH: Ind. Engng. Chem., analyt. Edit. 17 (1945) S. 579–580.

[88] MÜLLER, R. H.: Ind. Engng. Chem., analyt. Edit. 12 (1940) S. 571–630.

[89] GILMONT, R. u. D. F. OTHMER: Ind. Engng. Chem., analyt. Edit. 15 (1943) S. 641–642.

[90] BROWN, T. F. u. K. F. COLES: Analytic. Chem. 19 (1947) S. 935–936.

[91] SIMPSON, D. A. u. M. D. SUTHERLAND: Analytic. Chem. 23 (1951) S. 1345 bis 1346.

[92] STAGE, H.: Proc. III World Petrol. Congr. Sect. III (1951) S. 17–34.

[93] PIETRZYK, C.: Roczniki Technol. Chem. Żywności 3 (1958) S. 77–91.

[94] ŚWIETOSLAWSKI, W.: Ebulliometric Measurements, New York: Reinhold Publishing Corp. 1945.

[95] SCHÄFER, W. u. H. STAGE: Chemie-Ing.-Techn. 21 (1949) S. 418–421.

[96] FOWLER, R. T.: Ind. Chemist 24 (1948) S. 717–721, S. 824–830.

[97] FOWLER, R. T.: J. appl. Chem. 2 (1952) S. 246–249.

[98] WAGNER, R. E.: Thesis, Univ. Michigan 1955.

[99] International Critical Tables, New York: McGraw Hill 1928.

[100] TYRER, D.: J. chem. Soc. [London] 100 (1912) S. 1104–1113.

[101] OTHMER, D. F. u. R. F. BENENATI: Ind. Engng. Chem., ind. Edit. 37 (1945) S. 299–301.

[102] OTHMER, D. F., M. M. CLUDGER u. S. L. LEVI: Ind. Engng. Chem. 44 (1952) S. 1872–1881.

[103] OTHMER, D. F.: Ind. Engng. Chem., ind. Edit. 35 (1943) S. 614–620; 38 (1946) S. 751–757.

[104] REINDERS, W. u. C. H. DE MINJER: Recueil Trav. chim. Pays-Bas 59 (1940) S. 369–391.

[105] GILLESPIE, D. R. C.: Ind. Engng. Chem., analyt. Edit. 18 (1946) S. 575–577.

[106] ELLIS, S. R. M.: Trans. Instn. chem. Ingr. 31 (1953) Nr. 2, S. 185–186.

[107] AMICK jr., E. H., M. A. WEISS u. M. S. KIRSHENBAUM: Ind. Engng. Chem. 43 (1951) S. 969–973.

[108] JONES, C. A., E. M. SCHOENBORN u. A. P. COLBURN: Ind. Engng. Chem., ind. Edit. 35 (1943) S. 666–672.

[109] BROWN, I. u. A. H. EWALD: Austral. J. sci. Res. Ser. A 3 (1950) S. 306–323.

[110] BURCHERT, W.: Diss. T. H. Hannover 1949.

[111] KIREJEW, W. A., J. N. SCHEINKER u. E. M. PERESLJENI: J. physik. Chem. (russ.) 26 (1952) S. 352–357.

[112] NATRADSE, A. G. u. K. E. NOWIKOWA: J. physik. Chem. (russ.) 31 (1957) S. 227–231.

[113] MELNIKOW, N. P. u. J. A. ZIRLIN: J. physik. Chem. (russ.) 30 (1956) S. 2290 bis 2293.

114] STAGE, H. u. I. S. BAUMGARTEN: Öl u. Kohle 40 (1944) S. 126–131.

[115] HARPER, B. G. u. J. C. MOORE: Ind. Engng. Chem. 49 (1957) S. 411–414.

[116] COLE, H. N.: Chem. Engng. Data Series 3 (1958) S. 213–215.

[117] ROSE, A., B. T. PAPAHRONIS u. E. T. WILLIAMS: Chem. Engng. Data Series 3 (1958) S. 216–219; B. T. PAPAHRONIS: Thesis, Pennsylvania State, Univ. 1957.

[118] FENSKE, M. R., C. S. CARLSON u. D. QUIGGLE: Ind. Engng. Chem., ind. Edit. 39 (1947) S. 1322–1328.

[119] BROWN, I.: Austral. J. sci. Res. Ser. A 5 (1952) S. 530–540.

[*120*] YORK jr. R. u. R. C. HOLMES: Ind. Engng. Chem., ind. Edit. 34 (1942)
S. 345–350.
[*121*] KORTÜM, G., D. MOEGLING u. F. WOERNER: Chemie-Ing.-Techn. 22 (1950)
S. 453–457.
[*122*] ROSE, A. u. E. T. WILLIAMS: Ind. Engng. Chem. 47 (1955) S. 1528–1533.
[*123*] ACCIARRI, J. A.: Thesis, Pennsylvania State Univ. 1957.
[*124*] ELLIS, S. R. M.: Birmingham Univ. chem. Engr. 3 (1951) Nr. 1, S. 34–36.
[*125*] DE MINJER, C. H.: Diss. T. H. Delft 1939.
[*126*] RÖCK, H. u. L. SIEG: Z. physik. Chem. N. F. 3 (1955) S. 355–364.
[*127*] ALTSHELER, W. B., E. D. UNGER u. P. KOLACHOV: Ind. Engng. Chem. 43
(1951) S. 2559–2564.
[*128*] COLLINS, F. C. u. V. LANTZ: Ind. Engng. Chem., analyt. Edit. 18 (1946)
S. 673–677.
[*129*] FISCHER, B.: Diss. Hamburg 1936.
[*130*] KRETSCHMER, C. B. u. R. WIEBE: J. Amer. chem. Soc. 71 (1949) S. 1793–1797.
[*131*] HIPKINS, H. u. H. S. MYERS: Ind. Engng. Chem. 46 (1954) S. 2524–2528.
[*132*] REAMER, H. H., B. H. SAGE u. W. N. LACEY: Ind. Engng. Chem., ind.
Edit. 38 (1946) S. 986–989.
[*133*] SCATCHARD, G., C. L. RAYMOND u. H. H. GILMAN: J. Amer. chem. Soc.
60 (1938) S. 1275–1278.
[*134*] SCATCHARD, G., G. M. KARANAGT u. L. B. TICKNOR: J. Amer. chem. Soc.
74 (1952) S. 3715–3720.
[*135*] SIEG, L.: Chemie-Ing.-Techn. 22 (1950) S. 322–326.
[*136*] SUKKAR, Y. S.: Ph. D. Thesis, Univ. Texas 1956.
[*137*] COLBURN, A. P., E. M. SCHOENBORN u. D. SHILLING: Ind. Engng. Chem.,
ind. Edit. 35 (1943) S. 1250–1254.
[*138*] CATHALA, J., D. HARDIE u. R. LEDERE: Bull. Soc. chim. France [5] 17
(1950) S. 1129–1132.
[*139*] VILÍM, O., E. HÁLA, V. FRIED u. J. PICK: Collect. czechoslov. chem.
Commun. 19 (1954) S. 1330–1335.
[*140*] COTTRELL, F. G.: J. Amer. chem. Soc. 42 (1919) S. 721–729.
[*141*] ELLIS, S. R. M.: Trans. Instn. chem. Engr. 30 Nr. 1 (1952) S. 58–64.
[*142*] ELLIS, S. R. M. u. B. A. FROOME: Chem. and Ind. Nr. 9 (1954) S. 237–240.
[*143*] OTHMER, D. F.: Ind. Engng. Chem., ind. Edit. 20 (1928) S. 743–746.
[*144*] OTHMER, D. F.: Ind. Engng. Chem., analyt. Edit. 4 (1932) S. 232–234.
[*145*] OTHMER, D. F.: Analytic. Chem. 20 (1948) S. 763–766.
[*146*] WILSON, R. O., H. P. MUNGER u. J. W. CLEGG: Chem. Engng. Progr.
Sympos. Series 48 Nr. 3 (1958) S. 115–117.
[*147*] HOLLÓ, J.: Periodica Polytechn. Chem. Engng. 2 (1958) Nr. 2, S. 113–128.
[*148*] HOLLÓ, J. u. G. EMBER: Year Book of the Institut of Agriculture chem.
Technology at the University of Technical Sciences, Budapest 1952 III 1954,
VIII, S. 68–77.
[*149*] FOWLER, A. R. u. H. HUNT: Ind. Engng. Chem., ind. Edit. 33 (1941) S. 90
bis 95.
[*150*] CRAWFORD, A. G., G. EDWARDS u. D. S. LINDSAY: J. chem. Soc. [London]
1949, S. 1054–1058.
[*151*] JOHNSON, A. I. u. W. F. FURTER: Canad. J. Technol. 34 (1957) S. 413–424.
[*152*] LONG, R. D., J. J. MARTIN u. R. C. VOGEL: Chem. Engng. Data Series
3 (1958) S. 28–34.
[*153*] STRUMILLO, C. u. G. SZAPIRO: Przemysł. chem. 1. (1957) S. 442–444.
[*154*] HUGHES, H. E. u. J. O. MALONEY: Chem. Engng. Progr. 48 (1952) S. 192
bis 200.

[155] REDLICH, O. u. A. I. KISTER: J. Amer. chem. Soc. 71 (1949) S. 505–507.

[156] SMITH, T. E. u. R. F. BONNER: Ind. Engng. Chem. 41 (1949) S. 2867–2871.

[157] KRANICH, W. L., R. E. WAGNER, D. W. SUNDSTRÖM u. H. SLOTNICK: Ind. Engng. Chem. 48 (1956) S. 956–960.

[158] FARBEROW, M. J. u. W. A. SPERANSKAJA: J. angew. Chem. (russ.) 28 (1955) S. 222 bis 226.

[159] LYDERSEN, A. L. u. E. HAMMER: Chem. Engng. Sci. 7 (1958) S. 241–245.

[160] KIRSCHBAUM, E. u. F. GERSTNER: Z. Ver. dtsch. Ing., Beih. Verfahrenstechn. Nr. 1 (1939) S. 10–15.

[161] LANGDON, W. M. u. D. B. KEYES: Ind. Engng. Chem., ind. Edit. 34 (1942) S. 938–942.

[162] KORTÜM, G., H. J. FREIER u. F. WOERNER: Chemie-Ing.-Techn. 25 (1953) S. 125–133.

[163] CORNELL, L. W. u. R. E. MONTONNA: Ind. Engng. Chem., ind. Edit. 25 (1938) S. 1331–1335.

[164] SCHÄFER, K., W. RALL u. F. C. WIRTH-LINDEMANN: Z. physik. Chem. N. F. 14 (1958) S. 197–207.

[165] SCHNEIDER, G.: Diss. Göttingen 1959.

[166] JOST, W., J. RÖCK, W. SCHRÖDER, L. SIEG u. H. G. WAGNER: Z. physik. Chem. N. F. 10 (1957) S. 133–136.

[167] MYERS, H. S.: A. I. Ch. E. J. 3 (1957) S. 467–472.

[168] COSTA NOVELLA, E. u. J. MORAGUES TARRASÓ: An. Real. Soc. españ. Física Quím. Ser. B 48 (1952) S. 397–408.

[169] ELLIS, S. R. M.: Trans. Instn. chem. Engr. 31 Nr. 1 (1953) S. 96–98.

[170] MUNTER, P. A., O. T. AEPLI u. R. A. KOSSATZ: Ind. Engng. Chem., ind. Edit. 39 (1947) S. 427–431.

[171] DESSEIGNE, G. u. C. BELLIOT: J. chim. Physique 49 (1952) S. 46–48.

[172] PRICE, A. R. u. R. KOBAYASHI: J. chem. Engng. Data 4 (1959) S. 40–52.

[173] PERRY, E. S. u. R. E. FUGUITT: Ind. Engng. Chem. 39 (1947) S. 782–787.

[174] GRISWOLD, I. u. C. B. BUFORD: Ind. Engng. Chem. 41 (1949) S. 2346–2351.

[175] AMER, H. H., R. R. PAXTON u. M. VAN WINKLE: Ind. Engng. Chem. 48 (1956) S. 142–146.

[176] KÜMMERLE, K.: Chemie-Ing.-Techn. 28 (1956) S. 400–403.

[177] ŚWIETOSLAWSKI, W., K. ZIEBORAK u. W. BRZOSTOWSKI: Bull. Acad. Polon Sci. Cl III 5 (1957) S. 305–308.

[178] KATZ, K. u. M. NEWMAN: Ind. Engng. Chem. 48 (1956) S. 137–141.

[179] FOWLER, R. T.: J. Soc. chem. Ind. 68 (1949) S. 131–132.

[180] FOWLER, R. T.: J. Soc. chem. Ind. 69 (1950) S. 65–69.

[181] FOWLER, R. T. u. G. S. NORRIS: J. appl. Chem. 5 (1955) S. 266–270.

[182] THORNTON, J. D.: J. appl. Chem. 1 (1951) S. 237–239.

[183] ELLIS, S. R. M. u. R. D. GARBETT: Birmingham Univ. Chem. Engr. 10 (1958) S. 1–14.

[184] STAGE, H. u. E. MÜLLER: Chemie-Ing.-Techn. 27 (1955) S. 440.

[185] OTHMER, D. F., E. H. TEN EYCK u. S. TOLIN: Ind. Engng. Chem. 43 (1951) S. 1607–1613.

[186] OCÓN, J., J. ESPANTOSO u. F. MATO: An. Real Soc. españ. Física Quím. Ser. B 52 (1956) S. 657–666.

[187] SEBBA, F.: J. chem. Soc. [London] 1951 S. 1975–1977.

[188] SHEIR, R. C. u. W. F. SCHURIG: Ind. Engng. Chem. 43 (1951) S. 1624–1627.

[189] TRIMBLE, H. M. u. W. POTTS: Ind. Engng. Chem., ind. Edit. 27 (1935) S. 66–68.

[190] DUNLOP, A. P. u. F. TRIMBLE: Ind. Engng. Chem., ind. Edit. 32 (1940) S. 1000–1002.

[*191*] UCHIDA, S., S. OGANA u. M. YAMAGUCHI: Jap. Sri. Rev. Ser. I, 1 Nr. 2 (1950) S. 41–49.

[*192*] CANJAR, L. N., E. C. HORNI u. R. R. ROTHFUS: Ind. Engng. Chem. 48 (1956) S. 427–430.

[*193*] BONAUGURI, E., L. BICELLI u. G. SPILLER: Chim. e Ind. [Milano] 33 (1951) S. 81–90.

[*194*] ALBANESI, G., I. PASQUON u. P. GENONI: Chim. e Ind. [Milano] 39 (1957) S. 814–821.

[*195*] CHOFFÉ, B. u. L. ASSELINEAU: Rev. Inst. franç. Pétrole Ann. Combustibles liquides 11 (1956) S. 948–960.

[*196*] MALTESER, P. u. G. VALENTINI: Chim. e Ind. [Milano] 11 (1958) S. 548–551.

[*197*] LIENEWEG, F.: Temperaturmessung, Leipzig: Akademische Verlagsgesellschaft Geest & Portig 1950.

[*198*] HENNING, F.: Temperaturmessung, Leipzig: J. A. Barth 1951.

[*199*] v. ANGERER, E. u. H. EBERT: Technische Kunstgriffe bei physikalischen Untersuchungen, 9. Aufl., Braunschweig: Vieweg 1954.

[*200*] JAECKEL, R.: Kleinste Drucke, ihre Messung und Erzeugung, Berlin/Göttingen/Heidelberg: Springer 1950.

[*201*] LAPORTE, H.: Vakuummessungen, Berlin: VEB Verlag Technik 1955.

[*202*] LECK, J. H.: Pressure Measurement in Vacuum Systems, London: The Institute of Physics 1957.

[*203*] MÖNCH, G. C.: Neues und Bewährtes aus der Hochvakuumtechnik, Halle: VEB Wilhelm Knapp 1959.

[*204*] BARR-DAVID, F. u. B. F. DODGE: Chem. Engng. Data Series 4 (1959) S. 107 bis 121; Ph. D. Thesis, Yale Univ. 1956.

[*205*] RIUS MIRO, A., J. W. OTERO DE LA GANDERA u. A. MACARRON: Chem. Engng. Sci. 10 (1959) S. 105–111.

[*206*] BRAU, H. M.: Ph. D. Thesis, Louisiana State Univ. 1956.

[*207*] AEROW, M. E., C. L. MOTINA u. M. M. POTARIN: J. angew. Chem. (russ.) 30 (1957) S. 1100–1103.

[*208*] DUNCAN, D. W., J. H. KOFFOLT u. J. R. WITHROW: Trans. Amer. Inst. chem. Engr. 38 (1942) S. 259–281.

[*209*] CHARI, K. S. u. C. C. REDDY: J. Sci. ind. Res. [New Delhi] 173 (1958) S. 97–102.

[*210*] EDULJEE, H. E. u. M. N. RAO: Trans. Indian Inst. chem. Engr. 7 (1954/55) S. 129–138.

[*211*] HUTCHINSON, M. H. u. R. F. BADDOUR: Chem. Engng. Progr. 52 (1956) S. 503–508.

[*212*] STRUCK, R. T. u. C. R. KINNEY: Ind. Engng. Chem. 42 (1950) S. 77–82.

[*213*] WADE, J. u. R. W. MERRIMAN: J. chem. Soc. [London] 99 (1911) S. 997.

[*214*] MERRIMAN, R. W.: J. chem. Soc. [London] 103 (1913) S. 628.

[*215*] NOYES, W. A. u. R. R. WARFEL: J. Amer. chem. Soc. 23 (1901) S. 463.

[*216*] DOROSZEWSKY, A. u. E. POLANSKY: Z. physik. Chem. 73 (1910) S. 192–199.

[*217*] SOREL, M. E.: C. R. hebd. Séances Acad. Sci. 116 (1893) S. 963.

[*218*] MASING, H.: Chemiker-Ztg. 32 (1908) S. 745.

[*219*] HAYWOOD, J. K.: J. physic. Chem. 3 (1899) S. 317.

[*220*] HAUSBRAND, H.: Die Wirkungsweise der Rektifizier- und Destillier-Apparate, Berlin: Springer 1921.

[*221*] LORD RALEIGH: Philos. Mag. J. Sci. 4 (1902) S. 521–537.

[*222*] CARROL, B. H., G. R. ROLLEFSEN u. J. H. MATHEWS: J. Amer. chem. Soc. 47 (1925) S. 1785–1791.

[*223*] EVANS, F. N.: Ind. Engng. Chem. 8 (1916) S. 260–262.

[224] LESLIE, E. H. u. A. R. CARR: Ind. Engng. Chem. 17 (1925) S. 810–817.

[225] CAREY, J. S. u. W. K. LEWIS: Ind. Engng. Chem., ind. Edit. 24 (1932) S. 882–883.

[226] WILEY, R. H. u. E. H. HARDER: Ind. Engng. Chem., analyt. Edit. 7 (1935) S. 349–350.

[227] BEEBE, A. H., K. E. COULTER, R. A. LINDSAY u. E. M. BAKER: Ind. Engng. Chem., ind. Edit. 34 (1942) S. 1501–1504.

[228] RIEDER, R. M. u. A. R. THOMPSON: Ind. Engng. Chem. 41 (1949) S. 2905 bis 2908.

[229] GRISWOLD, J., J. D. HANEY u. V. A. KLEIN: Ind. Engng. Chem., ind. Edit. 35 (1943) S. 701–704.

[230] CLARK, A. M.: Trans. Faraday Soc. 41 (1945) S. 718–737.

[231] VENKATARAO, C., M. V. R. ACHARYA u. M. NARASINGA: Trans. Indian Inst. chem. Engr. 2 (1950) S. 6–15.

[232] OTHMER, D. F., W. P. MOELLER, S. W. ENGLUND u. R. G. CHRISTOPHER: Ind. Engng. Chem. 43 (1951) S. 707–710.

[233] OTSUKI, H. u. F. C. WILLIAMS: Program, Amer. Inst. Chem. Engrs., Meeting Atlantic City, 1951, S. 24.

[234] PLEWES, A. C., D. A. JARDINE u. R. M. BUTLER: Canad. J. Technol. 32 (1954) S. 139–145.

[235] ELLIS, S. R. M. u. D. WOOLDRIDGE: Ind. Chemist 34 (1958) S. 149–155.

[236] KLAR, R. u. A. SLIWKA: Z. physik. Chem. N. F. 15 (1958) S. 207–211.

[237] BROUGHTON, D. B. u. C. S. BREARLEY: Ind. Engng. Chem. 47 (1955) S. 838 bis 843.

[238] HERINGTON, E. F. G.: Nature 160 (1947) S. 610–611.

[239] HIRATA, M.: Chem. Engng. (Japan) 13 (1949) S. 138.

[240] OTHMER, D. F., L. RICCIARDI u. M. S. THAKAR: Ind. Engng. Chem. 45 (1953) S. 1815–1821.

[241] SCATCHARD, G. u. W. J. HAMER: J. Amer. Chem. Soc. 57 (1935) S. 1805–1809.

[242] SPINNER, I. H., B. C.-Y. LU u. W. F. GRAYDON: Ind. Engng. Chem. 48 (1956) S. 147–153.

[243] HERINGTON, E. F. G.: J. Inst. Petroleum 37 (1954) Nr. 233, S. 457–470.

[244] SCHULTZE, GG. R. u. H. STAGE: Dechema Monogr. 14 (1950) S. 17–40.

[245] STAGE, H.: Dechema Monograph. 15 (1950) S. 156–170.

[246] STAGE, H.: Erdöl u. Kohle 3 (1950) S. 377–383.

[247] ZMACZYŃSKI, M. A.: J. Chim. physique 27 (1930) S. 503–517.

[248] ROSSINI, F. D. u. Mitarb.: Selected Values of Physical and Thermodynamics Properties of Hydrocarbons and Related Compounds, A. P. I.-Projekt 44, Pittsburgh, Pa.: Carnegie Press 1953

[249] STAGE, H.: Fette u. Seifen einschl. Anstrichmittel 53 (1951) S. 677–682.

[250] MONICK, J. A., H. D. ALLEN u. C. J. MARLIES: Oil and Soap 22 (1946) S. 177–182.

[251] GRASSMANN, P.: Chemie-Ing.-Techn. 28 (1956) S. 270–271; 29 (1957) S. 497 bis 504.

[252] GROSSMANN, U.: Chemie-Ing.-Techn. 28 (1956) S. 107–112; (1949) S. 663 bis 668.

[253] WILLIAMS, F. C. u. J. O. OSBURN: J. Amer. Oil Chemists' Soc. 26 (1949) S. 663–668.

[254] DARVICHIAN, D. G.: Olii minerali, Grassi Saponi, Colori Vernici 35 (1958) S. 229–264.

Namenverzeichnis

Sachverzeichnis